中国城市规划学会学术成果

品质交通与协同共治

——2019 年中国城市交通规划年会论文集

中国城市规划学会城市交通规划学术委员会　编

U0230040

中国建筑工业出版社

图书在版编目（CIP）数据

品质交通与协同共治：2019 年中国城市交通规划年会论文集 / 中国城市规划学会城市交通规划学术委员会编.

北京：中国建筑工业出版社，2019.9

ISBN 978-7-112-24120-0

Ⅰ.①品…　Ⅱ.①中…　Ⅲ.①城市规划－交通规划－学术会议－文集　Ⅳ.①TU984.191-53

中国版本图书馆 CIP 数据核字（2019）第 179906 号

品质交通与协同共治

——2019 年中国城市交通规划年会论文集

中国城市规划学会城市交通规划学术委员会　编

*

中国建筑工业出版社出版、发行（北京海淀三里河路 9 号）

各地新华书店、建筑书店经销

北京佳捷真科技发展有限公司制版

北京京华铭诚工贸有限公司印刷

*

开本：850×1168 毫米　1/32　印张：14　字数：350 千字

2019 年 9 月第一版　2019 年 9 月第一次印刷

定价：**59.00** 元

ISBN 978-7-112-24120-0

（34615）

本书收录了"2019 年中国城市交通规划年会"入选论文 337篇。内容涉及与城市交通发展相关的诸多方面，反映了我国交通理论、交通技术、交通规划、交通治理等方面的最新研究成果，以及在道路与街道、公共交通、步行与自行车、停车及交通枢纽、交通信息应用等领域的创新实践。

本书可供城市建设决策者、交通规划建设管理专业技术人员、高校相关专业师生参考。

责任编辑：黄　翊　徐　冉
责任校对：李欣慰

论文审查委员会

主　　任：马　林

秘 书 长：赵一新

秘　　书：张　宇　孟凡荣

委　　员（以姓氏笔画为序）：

马小毅　王　杰　王学勇　叶建红

边经卫　孙永海　孙明正　李　晔

李　健　李　锋　李克平　杨　涛

张晓东　陈小鸿　陈必壮　邵　丹

林　群　周　涛　钱林波　殷广涛

郭继孚　黄富民　曹国华　戴　帅

魏　贺

目　录

01　优秀论文

02　发展与策略研究

03 交通规划

10

04　道路与街道

05 公共交通

14

06 步行与自行车

07 城市停车与充电设施

08 交通枢纽

09 交通治理与管控

10　交通分析与信息应用

20

01 优秀论文

成都市地面公交快速网络体系
构建与实践应用

罗 航 李存念 陈 阳

【摘要】在城市空间布局扩张、轨道交通加速成网，以及乘客对高品质公交出行需求日益增加的背景下，成都市通过对多源公交客流大数据的整合挖掘分析，以常规公交供给侧结构改革为主要抓手，以公交乘客服务体验提升为目标，精准开展了成都市中心城区公交线网优化工作，重点构建了成都市地面公交"两快一微"的快速网络体系，并取得了良好的实施效果，形成了与轨道交通和慢行系统功能层次清晰、线网高效衔接、运营协调互补的常规公交线网布局，对于国内同类城市公交系统发展具有一定的借鉴意义。

【关键词】公交大数据挖掘；供给侧结构改革；快速公交；通勤公交快线；微循环公交

【作者简介】

罗航，男，硕士，南京市城市与交通规划设计研究院股份有限公司，工程师。电子信箱：896882064@qq.com

李存念，男，本科，南京市城市与交通规划设计研究院股份有限公司，助理工程师。电子信箱：924449865@qq.com

陈阳，女，硕士，南京市城市与交通规划设计研究院股份有限公司，高级规划师。电子信箱：89673810@qq.com

关于城市道路平面交叉口红线
规划的若干思考

周嗣恩

【摘要】针对城市道路平面交叉口红线在"窄马路、密路网"新发展理念下面临的挑战，本文首先明确了城市道路平面交叉口红线规划和交通功能设计的时空关系。其次，总结并分析了国内外城市在该领域的规范规定、实践、趋势，以及差异性。然后，从坚持发展理念转型、设计工作转型、空间确定性与功能不确定性协调、政策机制保障等方面提出了城市道路平面交叉口红线规划的基本前提。综合新发展理念和我国城市发展的阶段特征，提出了以道路网平均间距的"临界间距"为判断指标确定交叉口红线展宽的差异化方法，以及区分交通性为主和生活性为主不同类型平面交叉口红线切角的差异化功能和设置方法，并回顾了北京副中心交叉口红线规划的创新实践及遇到的问题。最后提出了城市道路平面交叉口红线规划的几点争议和思考。以期为城市道路平面交叉口红线规划提供借鉴，为相关规范和标准的修订和完善提供参考。

【关键词】平面交叉口；红线规划；功能设计；人本位；展宽；切角

【作者简介】

周嗣恩，男，博士，北京市城市规划设计研究院，高级工程师。电子信箱：snzhou_hn@163.com

长江经济带战略下成渝城镇群
交通发展研究

郝　媛　李潭峰　徐天东　李　鑫

【摘要】当前新发展理念对城市群交通发展提出新的要求。成渝城市群是长江经济带重要的城市群，也是西部地区经济基础最好、经济实力最强的城市群。文章论述了成渝城市群当前交通发展存在的三个特征，即高首位度、内陆型城市群、多要素共存的旅游资源富集区；识别了三个交通问题，一是成渝枢纽的国际性还有待提升，二是交通服务的不平衡、不充分仍然突出，三是行政分割和同质竞争突出；提出了未来交通发展的五个对策，第一，强化大枢纽建设，第二，完善城际铁路网，第三，提升次级节点的枢纽功能，第四，促进基础设施和政策的共建共享，第五，支撑成都、重庆都市圈交通发展。

【关键词】成渝城市群；国际枢纽；不平衡；不充分；次级枢纽；共建共享

【作者简介】

郝媛，女，博士，中国城市规划设计研究院，高级工程师。电子信箱：277712368@qq.com

李潭峰，男，博士，中国城市规划设计研究院，高级工程师。电子信箱：3275291@qq.com

徐天东，男，博士，上海海事大学，教授。电子信箱：843484048@qq.com

李鑫，女，硕士，中国城市规划设计研究院深圳分院，工程师。电子信箱：369515816@qq.com

基于扎根理论的区域停车
共享实施方法研究
——"王府井地区停车入地"的启示

周晨静　吴海燕　王佳敏

【摘要】停车资源共享是缓解城市停车供需矛盾的有效方法之一，然而当前研究更多集中在理论研讨上，在推进共享停车落地实施方面存在缺口。王府井地区在 1.5 平方公里内全部实现路面不停车为停车共享工作推进提供了良好研究案例。本研究面向参与该项目的 6 个部门、24 位工作人员进行深度访谈，记录在整个事件推动过程中，各个单位工作内容、工作难点及工作体会；并应用扎根理论方法，对访谈备忘录进行编码分析，总结、提炼区域停车共享实施工作模式和架构；最终形成以"基础摸底、方案制定、推动落实"三大工作阶段为核心范畴的共享停车实施技术方法的理论模型，并由此演化出九个实施步骤有效推动区域停车共享工作的实施。研究结论既可以为政府管理部门解决停车难问题提供管理启示，同时也可以为我国其他城市和地区实施共享停车入地提供指导和借鉴。

【关键词】区域停车；共享停车；共享措施；扎根理论

【作者简介】

周晨静，男，博士，北京建筑大学，讲师。电子信箱：zhouchenjing@bucea.edu.cn

吴海燕，女，博士，北京建筑大学，教授。电子信箱：wuhaiyan@bucea.edu.cn

王佳敏，女，硕士，宇恒可持续交通研究中心。电子信箱：382867373@qq.com

基于大数据的常规公交
主干线识别方法研究
——以苏州为例

韩　兵　樊　钧　奚振平　沈志伟　樊晟姣

【摘要】本文基于轨道交通初步成网和常规公交客流下降的现实背景，提出全流程大数据支撑的常规公交主干线网规划方法。以苏州市区为例，利用公交刷卡数据推算公交出行 OD，识别公交客流走廊；分析不同尺度的公交客流空间分布特征，梳理主干线服务客流通道；遵循多样化、一体化常规公交服务体系的理念，根据与轨道功能不重复、服务客流多、承担中长距离客流功能、技术指标优的标准，确定优先级进行比选；通过筛选较优线路、删减重复线路和通道覆盖增添，制定公交主干线网方案的基本方案；最后，对不同线路提出差异化的优化建议。该方法适用于制定面向近期的实施规划，为轨道交通初步成网城市常规公交的规划提供了借鉴。

【关键词】常规公交；刷卡数据；客流通道；线网优化

【作者简介】
韩兵，男，博士，苏州规划设计研究院股份有限公司，工程师。电子信箱：349998140@qq.com
樊钧，男，博士，苏州规划设计研究院股份有限公司，高级工程师。电子信箱：871946529@qq.com

奚振平，男，硕士，苏州规划设计研究院股份有限公司，工程师。电子信箱：823844975@qq.com

沈志伟，男，本科，苏州智能交通信息科技股份有限公司，助理工程师。电子信箱：412994004@qq.com

樊晟姣，女，硕士，苏州智能交通信息科技股份有限公司，助理工程师。电子信箱：157518533@qq.com

精细化数据背景下的城市轨道
交通站点影响范围研究
——以北京市为例

张哲宁　王书灵　孙福亮　仝　硕　卢霄霄　初众甫　马　洁

【摘要】城市轨道交通的各接驳方式在各自的影响范围内为其集散客流，是客流产生的重要因素，因此有必要对城市轨道交通站点的影响范围进行研究。精细化城市管理对客流量分析预测包括站点影响范围提出新的需求。本文在互联网数据广泛应用背景下，运用互联网数据采集、多源数据融合、空间统计等方法与技术，对轨道交通站点影响范围进行研究，提出轨道交通直接影响范围和间接影响范围的概念。最后，以北京 17 条轨道交通线路为研究对象，分析了影响范围差异对客流预测结果的影响，验证了精细化描述站点影响范围可提升客流预测精度。

【关键词】精细化；多源数据；轨道交通；站点；影响范围

【作者简介】

张哲宁，男，硕士，北京交通发展研究院，工程师。电子信箱：z94774632@126.com

王书灵，女，博士，北京交通发展研究院，轨道交通所副所长，教授级高级工程师。电子信箱：wangsl@bjtrc.org.cn

孙福亮，男，硕士，北京交通发展研究院，高级工程师。电子信箱：sunfl@bjtrc.org.cn

全硕，女，硕士，北京交通发展研究院，助理工程师。电子信箱：tongs@bjtrc.org.cn

卢霄霄，女，本科，北京交通发展研究院，助理工程师。电子信箱：luxx@bjtrc.org.cn

初众甫，男，本科，北京交通发展研究院，助理工程师。电子信箱：chuzf@bjtrc.org.cn

马洁，女，博士，北京交通发展研究院，工程师。电子信箱：maj@bjtrc.org.cn

社会价值体系变化及其交通影响研究

刁晶晶　全永燊　程　苑　绿　凯　王　倩

【摘要】伴随着社会经济发展，资源条件、制度条件、科技条件不断进步，社会价值体系越来越多元、个性，且这个趋势仍将持续相当长的时间。未来社会价值观多样性会继续扩张，个体对获得自我尊重的价值需求不断增加，势必产生更多样的行为活动及出行需求，对城市交通供给提出更高的要求。为了适应需求的变化，交通体系在规划建设、运营管理、制度保障上均应采取必要的改进措施，缩小交通服务水平和日益增长的多样需求之间的矛盾。

【关键词】价值体系；交通需求；多样化；策略

【作者简介】

刁晶晶，女，硕士，北京交通发展研究院，助理工程师。电子信箱：diaojingjing@bjtrc.org.cn

全永燊，男，本科，北京交通发展研究中心原主任，教授级高级工程师。电子信箱：quanys@bjtrc.org.cn

程苑，女，硕士，北京交通发展研究院，工程师。电子信箱：chengy@bjtrc.org.cn

绿凯，男，硕士，北京交通发展研究院，高级工程师。电子信箱：xiank@bjtrc.org.cn

王倩，女，硕士，北京交通发展研究院，工程师。电子信箱：wangq@bjtrc.org.cn

"碳积分"模式下超大城市
低排放区全流程管控研究

王卓群　吴晓飞　郑　健

【摘要】低排放区（low emission zone，LEZ）政策是一种针对机动车排放污染作出限值，从而抑制部分小汽车出行需求，有效改善城市大气质量、缓解区域拥堵的交通需求管理政策之一。由于当前小汽车更新淘汰速度快及新能源车的积极推广，仅设定机动车尾气排放限值作为管理手段使得政策单薄、效应时间有限，原有概念低排放区的效果随之减弱。本文通过分析伦敦、米兰、斯德哥尔摩、巴黎等国际城市实施低排放区的成功经验，以污染治理为切入点，引入"碳积分"概念，提出多种"碳积分"管控模式，旨在实现车辆使用强度管控，进而实现"拥堵污染"双治理，"强引导"市民出行方式从机动车转移至绿色交通，提出从方案规划到反馈机制的全流程低排放区管控方案，为各大城市低排放区实施探索提供参考。

【关键词】城市交通；交通需求管理；低排放区；碳积分

【作者简介】

王卓群，女，硕士，深圳市城市交通规划与设计研究中心有限公司，工程师。电子信箱：wangzq@sutpc.com

吴晓飞，女，硕士，深圳市城市交通规划与设计研究中心有限公司，工程师。电子信箱：wuxiaofei@sutpc.com

郑健，男，硕士，深圳市城市交通规划与设计研究中心有限公司，工程师。电子信箱：zhengj@sutpc.com

大湾区格局下的深港双城交通发展设想

黄启翔　罗天铭　聂丹伟

【摘要】"一国两制"基本原则和粤港澳大湾区"香港—深圳"极点带动使命决定深港双城交通发展前景与组织模式将异于传统城市连绵化地区交通发展的一般规律。本文在对深港双城既有发展阶段、交通设施、跨界运输梳理与总结的基础上，通过解读大湾区"香港—深圳"极点带动、国际科技创新中心、现代产业体系、宜居宜业宜游湾区等战略选择，提出国家战略对于深港双城交通发展愿景与组织模式的要求，即深港交通体系应高效提升两地面向全球创新资源的配置能力、服务于构建国际化产业布局与服务体系、推动形成品质化的就业与生活联系圈，并基于深港两地差异性，从交通战略愿景、枢纽集群协同、战略通道布局、品质服务提升等层面提出未来双城交通发展设想。

【关键词】深港双城；粤港澳大湾区；枢纽群；战略通道；品质服务

【作者简介】

黄启翔，男，硕士，深圳市城市交通规划设计研究中心有限公司，工程师。电子信箱：xianghonor@qq.com

罗天铭，男，硕士，深圳市城市交通规划设计研究中心有限公司，工程师。电子信箱：luotianming0910@qq.com

聂丹伟，男，硕士，深圳市城市交通规划设计研究中心有限公司，高级工程师。电子信箱：ndw@sutpc.com

自动驾驶场景下城市空间
生长的模拟方法研究

陆晓琳　江　捷

【摘要】国内外自动驾驶汽车对城市空间生长影响的研究未得到足够重视。本文通过系统梳理自动驾驶汽车的技术特性和影响，选取新增出行、道路通行效率和出行时间成本作为参数变量，建立改进的"土地利用—交通"模型。基于共享性和交通流特性构建不同的自动驾驶场景，运用模型分析和可视化技术，以U市为实例，模拟评估不同自动驾驶场景下城市空间生长形态的变化。结果表明，所有场景下的交通可达性均有效提高，但城市空间呈现蔓延或集聚等不同的生长趋势。研究结论对制定自动驾驶环境下的城市空间交通发展战略和政策制定具有参考意义。

【关键词】自动驾驶；城市空间生长；交通可达性；"土地利用—交通"模型

【作者简介】

陆晓琳，女，硕士，深圳市城市交通规划设计研究中心有限公司，助理工程师。电子信箱：luxiaol@sutpc.com

江捷，男，硕士，深圳市城市交通规划设计研究中心有限公司，交通规划一院副院长，高级工程师。电子信箱：jiangj@sutpc.com

项目来源：深圳市科技计划项目（No.JSGG20170822173002341）

深圳市配建公交首末站片区
统筹规划策略研究

梁对对　邓　娜

【摘要】为从根本上破解"独立占地、平面建设"公交场站发展模式面临的用地落实难、规划实施难困境，深圳紧抓城市更新全面推进契机，于 2013 年起广泛实施公交首末站配建制度。实践表明，该制度有效促进了场站设施的落地实施，但同时亦反映出更新项目集中分布区域配建首末站片区统筹难、新增配建首末站与周边既有场站设施片区统筹难等问题，难以满足城市规划管理日益精细化的要求。本文在深入解析配建首末站片区统筹难问题的基础上，通过定量化评估全市及各法定图则地区的公交首末站供需关系，论证了现行配建制度引入片区统筹机制的必要性，并研究提出区域差异化的片区统筹思路及策略，以期促进深圳配建制度的持续完善，同时为其他城市提供一定借鉴意义。

【关键词】配建公交首末站；片区统筹；供需评估；区域差异化

【作者简介】

梁对对，女，硕士，深圳市规划国土发展研究中心，高级工程师。电子信箱：466570487@qq.com

邓娜，女，硕士，深圳市规划国土发展研究中心，助理工程师。电子信箱：1026579968@qq.com

辨析加强城市交通承载力约束的内涵

白同舟　刘雪杰　李　先

【摘要】北京新版城市总体规划首次明确提出"将综合交通承载能力作为城市发展的约束条件",为实现交通与城市良性互动提供新契机。本文从剖析交通问题症结及关联因素入手,论述了"交通承载力"的内涵以及将"交通承载力"作为城市发展约束条件的必要性,并就当前此类研究中存在的主要争议点给出辨识。交通承载力反映了一定前提条件下交通供给能力对城市出行需求的最大满足程度,可用供给与需求的比值表征。加强交通承载力约束并非约束城市发展,而是优化发展模式。交通承载力约束的对象包含总量、布局、结构和时序等四个方面,应通过合理设置城市规划指标和完善联动工作机制落实交通承载力约束要求。

【关键词】城市交通;交通承载力;约束条件;综合交通;供需匹配

【作者简介】

白同舟,男,硕士,北京交通发展研究院,高级工程师。电子信箱:tongzhou_bai@163.com

刘雪杰,女,硕士,北京交通发展研究院,副所长,高级工程师。电子信箱:liuxj@bjtrc.org.cn

李先,女,硕士,北京交通发展研究院,副院长,教授级高级工程师。电子信箱:lix@bjtrc.org.cn

宜居城市背景下街道设计
方法的探索研究

夏胜国

【摘要】传统道路设计聚焦于道路红线以内的设计，以机动车通行效率为优先目标，对慢行与建筑后退空间考虑较少。宜居城市背景下，为满足居民美好生活要求，实现高质量发展，街道设计的重心逐渐由"效率"向"服务"转变，更为注重人的感受。本文回顾了宜居城市与街道设计的国内外发展历程，对宜居城市的发展目标与指标体系进行梳理，提出安全、绿色、活力、智慧和共享的街道设计目标，并对目标进行分解，详细阐述了重点设计内容。文章最后以昆山市中华园宜居街区建设过程中的嵩山路街道改造项目为例，从现状问题和人的需求出发，对改造方案进行了详细阐述。

【关键词】宜居城市；完整街道；街道设计；公共空间

【作者简介】

夏胜国，男，硕士，江苏省城市规划设计研究院，高级工程师。电子信箱：xsguo_7@163.com

城市街道空间协同规划体系
与管控机制探索

赵　新

【摘要】近年来国内城市掀起了回归街道热潮，主要城市纷纷编制了街道设计导则，也有很多实施效果较好的案例，但多数是基于设计层面的技术导则，对规划体系与管控机制层面的研究较少，如何通过行之有效的机制对街区空间进行协同管控显得至关重要。因此本文不拘泥于街道改善设计，而是从规划体系层面出发，梳理了街道空间协同共治面临的主要瓶颈，借鉴先进城市的街道协同规划制度与管理经验，介绍了厦门市在街道空间协同规划体系与管控机制方面的探索，并以规划案例演示了开展街道协同规划管控的一些思路。

【关键词】街道空间；协同规划；规划体系；管控机制

【作者简介】

赵新，男，硕士，厦门市交通研究中心，技术部长，高级工程师。电子信箱：110633477@qq.com

大城市国土空间规划中交通规划编制方法探索

——以广州为例

马小毅　　江雪峰

【摘要】新空间规划体系的形成给交通规划的发展带来新的机遇和挑战。本文回顾了交通对原空间规划体系的重要作用，借鉴了北京、上海的案例，从源头解决交通问题的关键期、交通的锁定效应和网络效应三个方面，阐述了交通必须更加精准融入国土空间规划的迫切性，并以广州的实践为例，介绍了交通规划在国土空间规划中的组织方法、技术理念和表达形式方面的探索。文章总结了同步编制交通规划和建立专业、高效、动态的维护体系的经验，并展望了下一步的研究方向。

【关键词】大城市；国土空间规划；交通规划；空间格局优化

【作者简介】

马小毅，男，硕士，广州市交通规划研究院，副院长，教授级高级工程师。电子信箱：406017386@qq.com

江雪峰，男，硕士，广州市交通规划研究院，高级工程师。电子信箱：708910154@qq.com

经典出行分布模型的不足与新理论探索

覃　鹏　肖　亮

【摘要】为解决因经典出行分布预测模型存在不足而导致预测模型所得 OD 矩阵科学性有所欠缺 、正确性有待商榷的问题，有必要探索研究新的出行分布理论、建立科学的出行分布预测模型。文章分析了基于增长率模型与重力模型等经典出行分布预测方法及其他一些出行分布研究所存在的不足，提出交通出行分布本质是深入理解哪类群体采用哪些交通方式从哪些起点到哪些讫点的内在原因的理论观点，简要分析用地布局、出行者、交通方式等关键因素之间关系，并深入探讨分析关键因素与出行分布之间的内在关系。在分析的基础上，提出基于关键因素的出行分布新理论和构建出行分布模型的一般思路，并基于此理论初步建立新的出行分布预测概念模型。文章同时指出城市发展预测研究及基于此研究开展各类群体选择行为研究的必要性。

【关键词】出行分布；OD 矩阵；用地布局；出行者；交通方式；选择行为；群体属性

【作者简介】

覃鹏，男，硕士，深圳市交通规划设计研究中心有限公司，交通规划师，工程师。电子信箱：qinp@sutpc.com

肖亮，男，硕士，深圳市交通规划设计研究中心有限公司，交通规划师，工程师。电子信箱：xiaol@sutpc.com

面向街区人文主义复兴的
道路品质提升思考

梁立雨

【摘要】工业革命引发的现代城市化进程发展至今，人类已经逐渐认识到街道作为城市公共开放空间中的重要组成部分在维系城市生命运转和市民生活方面有着重要的作用。为了让人类拥有更美好的城市生活，从埃本尼兹·霍华德和柯布西耶以来，规划学者们陆续针对公共空间的规划建设质量提出了自己的独特见解，众多先进的规划理念引领城市街道从诞生之初的泥泞小径发展到今天的生态海绵可持续绿色范式，街道的规划发展和建设思路可谓集思广益汇聚了管理者和建设者的众多智慧。当前中国城镇化水平逐步跨越 60%大关，大规模的城市空间扩张和建设用地增长与局部小范围的城市更新工作此消彼长，道路交通建设工作也从改革开放后首先为了满足机动车增量发展，逐步转化为重视慢行、生态效益和社区价值。道路空间作为城市公共开放空间中最为重要的组成部分，承担着城市生活大动脉的作用，也是市民生活公共生活的物质基础。本文从交通发展沿革出发结合城市功能的变化，探讨基于街区生活振兴视野下的道路品质化建设关键，指出要实现真正的道路品质，其关键在于围绕"人"而不是"车"，以此角度来审视并优化街道物质环境。

【关键词】道路品质；街区生活；人文主义；智慧街道

【作者简介】

梁立雨，男，硕士，深圳城市交通规划设计研究中心有限公司，工程师。电子信箱：krains@163.com

基于城市引力的区域客运交通
模型构建及应用实践

宋　程　张　科　霍佳萌

【摘要】本文阐述了区域客流预测模型与市域模型差异，将城市引力模型引入区域客运交通预测模型中，利用城市引力模型建立城际间客流生成及分布预测，并采用有序多分类 logistic 模型开展区域客流方式划分预测。以粤港澳大湾区区域客流分析为例，利用多源大数据对区域模型参数进行标定，开展相关趋势分析和应用研究。结论表明基于城市引力的区域客运交通模型具有较好的操作性和适用性。

【关键词】城市引力；区域模型；粤港澳大湾区；大数据

【作者简介】

宋程，男，硕士，广州市交通规划研究院，高级工程师。电子信箱：510659684@qq.com

张科，男，硕士，广州市交通规划研究院，工程师。电子信箱：865831890@qq.com

霍佳萌，女，硕士，广州市交通规划研究院。电子信箱：446773519@qq.com

对标国际一流水平的上海交通
基础设施发展目标研究

王　磊　蔡逸峰

【摘要】"全球城市"被视为城市发展的高级形态和国际化的高端形态，亦被看作当今全球经济的重要节点和载体。本次研究聚焦上海这一崛起中的全球城市，结合国际国内时代背景与新一轮总体规划要求，选取纽约、伦敦、巴黎、东京四个主要全球城市进行城市经济数据、交通基础设施及服务水平对标研究。其中城市对外交通系统重点对标评估铁路、航空、水运、高速公路等基础设施发展水平，城市内部重点对标评估道路网络、轨道交通、市域铁路、地面公共交通等。通过全面研究对标找差，分析对比上海各类交通基础设施存在的不足和主要矛盾，阐述上海综合交通体系建设的优势与劣势，探索符合上海全球城市定位的综合交通建设路径。

【关键词】全球城市；上海；交通基础设施

【作者简介】

王磊，男，硕士，上海同济大学建筑设计研究院（集团）有限公司市政分院，助理工程师。电子信箱：wltj312@163.com

蔡逸峰，男，本科，上海同济大学建筑设计研究院（集团）有限公司，市政分院总工程师，教授级高级工程师。电子信箱：13501634613@139.com

轨道走廊带职住密度分级与居民出行特征相关性

吴娇蓉　刘梦瑶　谢金宏

【摘要】面对城市近郊和远郊区地铁网络延伸规划实施中出现的郊区轨道职住聚集能力不足、分布欠合理、难以实现轨道交通与区域发展共赢的现象，本文从轨道走廊带的人口岗位集聚分布入手，将轨道走廊带按照人口、岗位密度分为低、中低、中高和高密度四级。利用114个居住区的居民出行调查数据，分析位于不同密度级别走廊带内、外的居民出行特征差异，发现高密度走廊带出行距离、出行方式结构合理性、轨道走廊带站点客流密度指标明显优于其他三个密度级别走廊带；中高密度走廊带与中低密度走廊带各项出行特征指标差异不大。建立轨道+公交和小汽车方式之间的效用差模型，得到出行起终点一端或二端在走廊带、所属走廊带人口+岗位密度是影响机动化出行比例结构的重要因素。结合两种方式选择概率曲线的交点和走廊带人口+岗位密度变化带来的轨道+公交方式选择概率变化率曲线，得出郊区中低和低密度轨道走廊带应进一步集聚人口和岗位，当聚集密度达到 2.3 万人/平方公里以上，通勤出行的轨道+公交比例将高于小汽车比例。

【关键词】轨道走廊带；密度分级；出行距离；出行结构；效用差函数

【作者简介】

吴娇蓉，女，博士，同济大学，教授，博导。电子信箱：wujiaorong@tongji.edu.cn

刘梦瑶，女，在读硕士，同济大学。电子信箱：1831381@tongji.edu.cn

谢金宏，男，在读硕士，同济大学。电子信箱：jhxie@tongji.edu.cn

项目来源：国家自然科学基金重点项目（71734004）

面向可达性的全过程公交线网规划方法探索

黄　伟　陈志建　刘永平　秦　杰　高强飞

【摘要】城市道路交通拥堵不断加剧，公共交通作为城市机动化出行的主体地位日益凸显，以公交为出行方式参与城市社会活动的诉求持续增长，亟须建立面向可达性的公交线网优化方法和路径。在梳理现状公交可达性不足引发主要问题的基础上，分析公交可达性演变机理，以耦合城市空间结构、提升公交可达性为切入点，构建基于可达性的公交线网规划体系框架，从战略管控、协同共治、精细实施及动态导控方面明确面向可达性的公交线网规划实施路径与核心要点，为深化落实公交优先发展战略、增强公交可达性和吸引力、强化支撑引导城市空间发展提供技术参考。

【关键词】公共交通；线网优化；可达性；全过程实施路径；协同共治

【作者简介】

黄伟，男，硕士，深圳市城市交通规划设计研究中心有限公司（广东省交通信息工程技术研究中心），工程师。电子信箱：huangwei128@126.com

陈志建，男，硕士，深圳市城市交通规划设计研究中心有限公司（广东省交通信息工程技术研究中心），高级工程师。电子信箱：chenzj@sutpc.com

刘永平，男，硕士，深圳市城市交通规划设计研究中心有限公司（广东省交通信息工程技术研究中心），轨道二院院长，上海分院院长，高级工程师。电子信箱：lyp@sutpc.com

秦杰，男，专科，无锡市公共交通集团有限公司，营运发展部经理，工程师。电子信箱：dingzhigongjiao@qq.com

高强飞，女，硕士，无锡市公共交通集团有限公司，高级工程师。电子信箱：382450621@qq.com

虹桥综合交通枢纽十年
发展回顾与展望

王亿方　刘　翀　谢　辉

【摘要】本文分析了虹桥综合交通枢纽的现状和历年交通运行数据，通过对虹桥枢纽开通至今的设施建设情况、客流增长情况、对外交通系统、城市集散交通系统、枢纽内部换乘交通系统的回顾，对比规划预测目标，系统、科学地评价目标的实现情况，掌握实际的出行特征，分析总结运营中存在的问题和解决的方案，结合枢纽未来发展的趋势，对枢纽未来发展进行展望，提出了"控—优—分"的改善策略。总结相关枢纽发展的经验，为其他大型综合交通枢纽规划建设提供经验借鉴。

【关键词】虹桥枢纽；客流特征；控—优—分

【作者简介】

王亿方，男，硕士，上海城市综合交通规划科技咨询有限公司，总工程师，高级工程师。电子信箱：speedho@163.com

刘翀，女，硕士，上海城市综合交通规划科技咨询有限公司，工程师。电子信箱：speedho@163.com

谢辉，男，博士，上海城市综合交通规划科技咨询有限公司，副总工程师，高级工程师。电子信箱：xiehui@126.com

港区集疏运交叉口通行能力研究

张怡然

【摘要】在港区集疏运交通系统规划中，针对大型车辆混入率较高的情况，当前道路交叉口规划规范存在不适用性。因此，本文通过无人机航拍等手段，获取港区集疏运交叉口的交通特征，并通过统计分析和微观仿真的方法，建立了基于大车率的交叉口通行能力计算方法，对现行规范进行修正，能够用于评价交叉口的交通承受能力，支撑港区集疏运道路规划方案，并为其他货运枢纽及集疏港交通设计提供参考。

【关键词】港区；交叉口；通行能力

【作者简介】

张怡然，女，硕士，上海市城市建设设计研究总院（集团）有限公司，助理工程师。电子信箱：zhangyiran@sucdri.com

武汉常规公交线网结构优化的再思考

代 琦 宋同阳

【摘要】本文以武汉市 2015～2017 年开展的公交线网调整实施评估为基础，在城市空间拓展、功能提升和交通系统复杂多元化的大背景下，系统梳理公交线网功能、空间布局和服务效率问题。结合国内外先进城市公交发展新形势和我市发展需求，采取以功能融合促公交一体化、以空间差异化促资源均等化、以运营协同促品效提升三大协同策略，多措并举打造"普及、便捷、高效"的常规公交网络，全面落实公交优先战略，努力实现将武汉塑造为"轨道+公交+慢行"引领型的绿色出行楷模交通目标。

【关键词】常规公交；线网结构；协同优化

【作者简介】

代琦，女，硕士，武汉市交通发展战略研究院，高级工程师。电子信箱：65263581@qq.com

宋同阳，男，硕士，武汉市交通发展战略研究院，工程师。电子信箱：sty_hust@163.com

城市核心区交通品质提升规划设计研究

——以广州天河中央商务区为例

曾　滢

【摘要】城市核心区交通品质提升是中国城市发展进入存量发展阶段后面临的热点和难点问题之一，发展背景的变化和空间资源的限制对交通规划设计理念和方法提出了双重挑战。本文通过对比分析了存量发展与增量发展阶段城市核心区发展要求的差异，以广州天河中央商务区为例，剖析了存量发展阶段城市核心区面临的五个交通困境，进而从对外交通、内部交通和慢行交通三个方面提出适应存量发展阶段和高质量发展要求的交通品质提升策略，并结合实际案例探讨了城市核心区交通品质提升规划设计的技术要点。

【关键词】城市核心区；交通品质提升；存量发展；城市更新；精细化

【作者简介】

曾滢，男，博士，广州市城市规划勘测设计研究院，高级工程师。电子信箱：zyclear@126.com

项目来源：广州市科技计划项目"广州市人性化、品质化的城市设计关键技术研究"

基于数据驱动的轨道车站
接驳环境评估方法研究

马 山 郭本峰 李 科

【摘要】近年来，随着我国大城市积极开展轨道交通建设，轨道出行已成为百姓日常出行的主要交通方式。但轨道交通效能的充分发挥与其他交通方式密切相关，如何构建高效率高品质的轨道交通接驳系统，定量、客观地评估各接驳设施运行情况，科学合理地配置各接驳设施规模，已成为轨道交通改善服务的重点工作内容。目前各类接驳设施运行特征评估和规模确定，多依赖于主观经验判断或宏观定性的指导意见，造成实际需求与设施配置出现较大偏差。本文将依托于多元大数据分析技术，以天津轨道交通车站为例，通过深入挖掘居民出行调查数据、共享单车骑行数据、出租车 GPS 数据、交通事故数据以及互联网地图 POI 数据等，定量评估各接驳系统运行特征，构建现状轨道车站接驳环境评价体系，在此基础上制定接驳设施合理规模和空间布局方案，为轨道车站规划设计工作提供参考依据，为城市更新治理工作提供新的思路。

【关键词】轨道交通；大数据分析；接驳设施；评价体系

【作者简介】

马山，男，硕士，天津市城市规划设计研究院，工程师。电子信箱：376578347@qq.ocm

郭本峰，男，硕士，天津市城市规划设计研究院，高级工程

师。电子信箱：40237328@qq.com

李科，男，硕士，天津市城市规划设计研究院，高级工程师。电子信箱：376578347@qq.ocm

中小城市慢行空间分析模型及
沧州实证研究

熊　文　　阎伟标　　阎吉豪　　王中昌

【摘要】步行与自行车出行依然是我国大多数中小城市最普遍的出行方式，但慢行交通却常常面临路权难以保障、规划难以落地、设计难以优先的困境。这与市域慢行 OD 量化预测缺乏、路网慢行效益量化评价缺位、断面慢行分布规律分析缺失不无关系。以沧州市为实证样本，将中小城市慢行空间划分为市域、网络、断面三类尺度，建立了慢行热力空间、慢行岛核辐、慢行源汇集三类市域分析模型，提出了慢行通勤通学廊道、休闲文化廊道两类网络分析模型，结合重要通勤、休闲廊道断面常年慢行流量及环境大数据检测，提出了慢行时空分布模型并作出政策与环境相关分析。基于三类慢行空间模型，提出沧州市慢行交通战略发展、网络规划及政策建议。

【关键词】慢行交通；空间模型；热力空间；廊道网络；大数据

【作者简介】

熊文，男，博士，北京工业大学建筑与城市规划学院，副院长，副教授。电子信箱：xwart@126.com

阎伟标，男，在读硕士，北京工业大学建筑与城市规划学院。电子信箱：836257206@qq.com

阎吉豪，男，在读硕士，北京工业大学建筑与城市规划学

院。电子信箱：540068798@qq.com

王中昌，男，本科，沧州市规划设计研究院，副院长，教授级高级工程师。电子信箱：541627294@qq.com

项目来源：国家社科基金重点项目"中国式街道人本观测与治理研究"（17AGL028）

北京市居住停车区域
认证机制研究

仝 进

【摘要】本文针对目前北京市居住区停车难、停车乱等突出问题，采用停车资源供需调查、统计分析等方法，分析居住区车辆构成、停放特征及停放规律，提出居住停车区域认证机制，从认证的原则、职责分工、工作流程、监督管理等方面为缓解北京市居住区的停车难问题提供一定的借鉴。

【关键词】居住区；供需调查；居住认证；停车管理

【作者简介】

仝进，男，硕士，北京市停车管理事务中心，主任，工程师。电子信箱：1018862950@qq.com

02 发展与策略研究

大都市圈节点城市公共交通
四网融合发展思考

——以上海市松江区为例

马士江

【摘要】上海大都市圈作为一种特殊形态的城市群落，是上海作为全球城市打破行政疆界、引领区域协同发展、布局核心功能的基本空间尺度，对都市圈内二级节点城市的交通体系构建提出新的要求。本文以上海都市圈内二级节点城市松江区为例，拓展公共交通服务层次和体系，分析"四网融合"内涵构成，并针对"都市圈—城镇圈—社会生活圈"等不同层面的交通需求特征，提出了面向"国铁网络、大运量城市轨道、中运量公共交通、地面常规公交"等多模式公共交通系统融合的发展建议策略。

【关键词】上海大都市圈；综合节点城市；四网融合；交通发展策略

【作者简介】

马士江，男，硕士，上海市城市规划设计研究院，高级工程师。电子信箱：mashijiang@163.com

北京市地面公交行业财政补贴趋势及改革建议

陈　静　刘雪杰　全永燊　沈帝文　安　健

【摘要】基于对北京市地面公交运营和财政补贴现状的分析，梳理了现行财政补贴存在的主要问题，通过深入调研国内外城市地面公交运营及补贴模式的发展历程，明确了地面公交运营补贴模式的发展方向，结合北京交通发展实际情况，分析北京市地面公交财政补贴的发展趋势，从公交特许经营、竞争性招标、改革完善票制票价、强化财政补贴考核标准等方面提出了北京市地面公交行业改革的方向建议。

【关键词】财政补贴；地面公交；发展趋势；行业改革

【作者简介】

陈静，女，硕士，北京交通发展研究院，工程师。电子信箱：497177514@qq.com

刘雪杰，女，硕士，北京交通发展研究院，高级工程师。电子信箱：99168723@qq.com

全永燊，男，硕士，北京交通发展研究院，教授级高工。电子信箱：quanys@bjtrc.org.cn

沈帝文，男，硕士，深圳市城市交通规划设计研究中心，工程师。电子信箱：stevendshen@qq.com

安健，男，博士，深圳市城市交通规划设计研究中心，高级工程师。电子信箱：75474408@qq.com

扬州区域枢纽重塑战略思考

赵静瑶　陈　玮　高　磊

【摘要】扬州历史上的枢纽地位依水而兴，未抓住第一轮公路、铁路发展机遇而逐渐走弱。在新一轮区域立体交通发展中，扬州迎来重要的发展机遇，也面临不进则退的关键挑战。如何将地域上的区位优势转化为客流联系与转换上的真正优势是扬州未来加强区域竞争力、重塑区域枢纽地位的关键所在。本文重新思考扬州区域枢纽重塑战略内涵，对于交通与区域发展机遇进行深入剖析，构建了扬州区域枢纽重塑战略框架，明确了"打造长江北岸沿海、沿江通道交汇枢纽""宁镇扬组合发展，重塑河江海联运枢纽""宁扬协同一体、构筑长三角国际航空枢纽"的战略发展路径，对于扬州在新一轮区域资源竞争中抢抓优势、重拾枢纽地位具有一定的指导意义。

【关键词】区域枢纽；国家级高铁通道；战略路径；

【作者简介】

赵静瑶，女，硕士，南京市城市与交通规划设计研究院股份有限公司，工程师。电子信箱：zjyyaoyao@126.com

陈玮，男，硕士，南京市城市与交通规划设计研究院股份有限公司，副所长，高级工程师。电子信箱：2230736@qq.com

高磊，男，博士，南京航空航天大学民航学院，讲师。电子信箱：784516117@qq.com

项目来源：国家重点研发计划基金资助（2018YFD1100804）

新时期上海道路客运发展研究

房晋源

【摘要】近年来，面对铁路、航空等交通运输方式的快速发展，道路客运发展总体呈下降趋势，行业整体面临转型发展新要求。本文通过梳理上海道路客运发展现状，分析道路客运市场环境，从长三角一体化国家战略、优化营商环境、"互联网+"技术发展等政策和技术层面的驱动力影响因素，研判行业发展基本趋势，提出新时期上海道路客运发展的若干对策建议。

【关键词】道路客运；转型发展；长三角一体化；"互联网+"

【作者简介】

房晋源，男，硕士，上海市交通港航发展研究中心，工程师。电子信箱：fangjynov@126.com

上海都市圈轨道发展思考

王　祥

【摘要】本文从传统长途客运和城市交通所提供的客运服务的局限性、公路主导的出行方式的时效性和可靠性、现有和规划轨道交通对都市圈交通出行的不适应性等方面，总结分析了上海都市圈交通发展面临的主要问题。在研究、分析、总结国内外都市圈轨道特征的基础上，提出了上海都市圈轨道的功能定位，以及运营线路长度、设计速度、站间距、可达性等方面的建设标准要求。结合上海都市圈的地理特征提出了都市圈轨道的重点规划区域，最后提出了上海都市圈轨道规划需要关注的几个重要问题，包括都市圈轨道的实施途径选择及其优缺点、都市圈轨道引入市区的衔接方式及其优缺点、如何处理好与市域轨道和城区轨道之间的关系等。

【关键词】都市圈轨道；功能定位；建设标准；规划建议

【作者简介】

王祥，男，硕士，上海市城乡建设和交通发展研究院，高级工程师。电子信箱：metro9122@163.com

北京轨道交通既有网络问题
梳理分析及对策

张哲宁　马毅林　王书灵　孙福亮

【摘要】北京轨道交通已实现网络化运营，工作日客流量基本稳定在 1200 万人次以上，目前运营网络存在网络运营压力大、限流车站多、轨道对城市重点区域服务不足、轨道出行效率相对较低、网络节点枢纽接驳换乘便捷性差等问题，仍有改善空间。本文为找出既有轨道交通线网的问题根源所在，从源头探寻解决问题的思路和方法，分析了近年来城市规划、轨道交通规划及轨道交通运营数据，总结了北京市轨道交通网络运行突出问题，分析了既有轨道交通线网的问题成因，找出既有网络改造和优化方向，并提出相应的政策建议。

【关键词】轨道交通；运营数据；线网问题；问题成因；对策建议

【作者简介】
张哲宁，男，硕士，北京交通发展研究院，工程师。电子信箱：z94774632@126.com
马毅林，男，硕士，北京交通发展研究院，工程师。电子信箱：mayl@bjtrc.org.cn
王书灵，女，博士，北京交通发展研究院，轨道交通所副所长，教授级高级工程师。电子信箱：wangsl@bjtrc.org.cn
孙福亮，男，硕士，北京交通发展研究院，高级工程师。电子信箱：sunfl@bjtrc.org.cn

世界典型铁路地下化
历程及特征研究

王伟智

【摘要】穿城铁路地下化是解决城市与铁路矛盾、释放区域发展潜力的一种有效城市更新途径。本文以纽约、洛杉矶、伦敦、东京、代尔夫特、深圳等 6 个城市铁路地下化工程为例，简要阐述其动因、论证、设计和实施效果，并进行总结梳理；分析论证了铁路地下化是缓解铁城矛盾的有效举措，并指出铁路地下化工程需要充分分析动因和需求，系统评估改造所带来的经济、社会等深层影响。

【关键词】铁路；地下化

【作者简介】

王伟智，男，硕士，青岛市城市规划设计研究院，工程师。电子信箱：15192626900@163.com

基于机场群多元协同发展的
苏州航空发展思考

朱仁伟　陈震寰　羊　钊

【摘要】本文从城市机场建设发展各阶段特征解析入手，梳理机场建设发展与城市生产、生活功能之间的互动变化关系，并结合国外都市圈机场群的成功发展经验，分别从机场群空间布局、协调发展模式等方面总结都市圈机场群建设发展的一般规律，指出都市圈机场群多元协同发展的必由之路及其模式，并在此基础上，从供需空间耦合关系、自身需求预测分析、都市圈城市横向优势比较等方面研究分析苏州建设发展航空运输面临的重大机遇与挑战，从而分别从高精准定位、高品质服务、高质量发展、高效率组织四方面指出苏州航空运输建设发展的可行路径。

【关键词】机场群；多元协同；需求预测；空间布局；发展路径

【作者简介】

朱仁伟，男，硕士，中规院（北京）规划设计公司，工程师。电子信箱：zrenwei_work@163.com

陈震寰，男，硕士，中国城市规划设计研究院上海分院，工程师。电子信箱：448658380@qq.com

羊钊，女，博士，南京航空航天大学，副教授。电子信箱：seu_yolanda@126.com

项目来源：国家自然科学基金（51608268）和江苏省自然科学基金（BK20150747）项目基金资助。

以佛山 TC 管理模式为基础的城市级 MaaS 发展模式研究

李晓辉　　王琢玉

【摘要】随着城市空间尺度的不断加大，采用"出行链"的多种交通方式换乘现象日益普遍，对城市综合交通的一体化发展提出了更高的要求。本文针对目前综合交通发展中因运营时间不协同、票务支付烦琐而造成的出行服务品质不高的问题和"互联网+"背景下出现的新旧交通出行业态无序竞争的新形势，借鉴欧美发达城市的 MaaS 技术发展实践经验，结合中国国情，以佛山常规公交的 TC 管理模式为启发，进一步拓展设计了城市级"政府—平台—运营商"的分层行业发展模式，并对其核心的 MaaS 运营平台的企业性质、业务和经营等做出初步构想，认为其具有较强的可实施性，可为国内城市发展 MaaS、提供高品质交通出行服务提供参考。

【关键词】MaaS；综合交通；TC 模式；品质交通

【作者简介】

李晓辉，男，硕士，佛山市城市规划设计研究院，工程师。电子信箱：843401644@qq.com

王琢玉，男，硕士，佛山市城市规划设计研究院，高级工程师。电子信箱：843401644@qq.com

基于交通流空间的深莞惠都市圈
网络结构特征研究

邹海翔

【摘要】深莞惠都市圈是广东省重点推进建设的三大都市圈之一，也是国家粤港澳湾区战略的重点区域。对深莞惠区域的一体化程度进行定量评估，通过衡量区域发展程度，跟踪都市圈演变趋势，对辅助未来规划战略的决策具有重要意义。交通出行流直观地表征了区域内各种要素的内在联系，深刻影响着一体化结构演变的过程和方向。因此，本文基于手机定位数据提取的交通出行流数据，从空间感知理论的视角出发，对深莞惠区域的交通流空间联系程度进行了定量分析，并探索其自组织的空间网络结构特征。研究结果表明：①深莞惠都市圈一体化发展程度目前尚处于初步阶段；②深莞惠都市圈以局部强中心区域形成了显著的"轴—幅"网络组织特征；③深莞惠都市圈整体呈现较强的组团结构特征，但是受行政市域边界影响严重，并没有呈现较强的融合趋势。

【关键词】区域发展；深莞惠都市圈；空间感知；流空间；网络结构

【作者简介】

邹海翔，男，博士，深圳市规划国土发展研究中心，副主任规划师，高级工程师。电子信箱：zou_mono@sina.com

都市圈背景下多层级一体化轨道交通发展策略

周金健　龙俊仁　王　晓

【摘要】本文分析都市圈背景下通勤扩张、外围集聚、中心拥挤等交通需求特征以及现有城市轨道交通的典型问题。对标东京都市圈，总结城市空间演化与轨道交通发展的互动演进规律。结合新发展理念与高质量发展要求，梳理轨道交通功能定位，提出轨道都市价值体系。以轨道都市上层价值（引导要素流动）为引领，探讨我国都市圈轨道交通发展策略，结合深圳轨道交通规划与实践，提出构建都市圈中心城市主导的轨道交通体系，强调以多层级一体化轨道网络重构出行时空关系，支撑都市圈战略空间拓展，助力形成时间预算下适应不同空间尺度的轨道出行模式。

【关键词】区域一体化；都市圈；轨道都市；线网规划；轨道快线

【作者简介】

周金健，男，硕士，深圳市城市交通规划设计研究中心有限公司，助理工程师。电子信箱：zhoujj@sutpc.com

龙俊仁，男，硕士，深圳市城市交通规划设计研究中心有限公司，副总工程师，城市交通研究院副院长，高级工程师。电子信箱：ljr@sutpc.com

王晓，男，硕士，深圳市城市交通规划设计研究中心有限公司，高级工程师。电子信箱：21409289@qq.com

粤港澳大湾区背景下区域 轨道交通规划思考

龙俊仁

【摘要】本文对标国际一流湾区轨道发展经验，分析粤港澳大湾区轨道交通在对外高速铁路通道不足、内部城际轨道网不成体系等方面存在的问题。以落实国家战略要求、支撑打造国际一流湾区和世界级城市群为原则，提出深圳视角下区域轨道交通发展目标、功能层次、规划策略及思路，形成以高速铁路加强与内陆腹地紧密的运输联系、以城际轨道为主的城镇群交通组织模式，完善区域轨道交通发展格局，强化深圳区域中心地位，助力粤港澳大湾区一体化融合发展。

【关键词】粤港澳大湾区；区域交通；高速铁路；城际轨道

【作者简介】

龙俊仁，男，硕士，深圳市城市交通规划设计研究中心有限公司，副总工程师，城市交通研究院副院长，高级工程师。电子信箱：ljr@sutpc.com

深圳国际航空枢纽打造跨航司中转发展策略的思考

欧阳新加　陆晓华

【摘要】深圳机场正处于打造国际航空枢纽的关键时期，需要从多个方面强化中转服务能力，提升枢纽功能。跨航司中转作为一种新兴的合作联营与代码共享业务，通过机场搭建中转平台，为旅客提供更自由、更优质的出行体验，目前已在国内外多个机场得到充分的实践和发展。本文在粤港澳大湾区机场群的视角下，通过对比深圳、广州、香港三个机场近三年的航空数据，分析深圳机场在基地航司发展格局、航线发展趋势、中转基础设施三大方面具有打造跨航司中转平台的需求和条件。提出深圳机场跨航司中转战略构想，实现多航空公司间的航线互补，提升旅客中转灵活性和体验，增强枢纽中转服务能力，建设更具竞争力的国际航空枢纽。

【关键词】跨航司中转；深圳机场；中转率；航空枢纽

【作者简介】

欧阳新加，男，硕士，深圳市城市交通规划设计研究中心有限公司，助理工程师。电子信箱：ouyangxj@sutpc.com

陆晓华，男，硕士，深圳市城市交通规划设计研究中心有限公司，高级工程师。电子信箱：luxh@sutpc.com

新形势下超大城市交通拥堵收费政策研究

郑　　健　吴晓飞　王卓群

【摘要】伴随我国超大城市城镇化快速发展，交通拥堵问题成为制约城市经济发展与生活品质提升的关键问题。存量优化阶段借助交通需求管理实现城市交通供需平衡成为我国城市交通拥堵治理的重要途径。交通拥堵收费作为交通需求管理的一种手段，已被国际社会实践证明可有效缓解交通拥堵。新的政策导向下，要求交通拥堵治理从强控拥有向强控使用转变，拥堵收费政策再次成为城市交通拥堵治理的关注焦点。本研究首先对当前我国超大城市交通发展现状进行了分析；其次，深入研究国际城市交通拥堵收费案例经验，提炼总结拥堵收费政策设计方案；最后从我国国情出发，针对超大城市交通拥堵治理政策制定过程中应重点注意的几个问题进行了探讨与建议。

【关键词】超大城市；存量优化；需求管理；强控使用；拥堵收费；政策建议

【作者简介】

郑健，男，硕士，深圳市城市交通规划设计研究中心有限公司，工程师。电子信箱：zhengj@sutpc.com

吴晓飞，女，硕士，深圳市城市交通规划设计研究中心有限公司，工程师。电子信箱：wuxiaofei@sutpc.com

王卓群，女，硕士，深圳市城市交通规划设计研究中心有限公司，工程师。电子信箱：wangzq@sutpc.com

城市级 MaaS 服务推广与实施路径探索

张俊峰　孙　超　谢武晓

【摘要】MaaS（Mobility as a Service，出行即服务）提供需求导向、集成高效、共享便捷的出行服务，为缓解城市交通拥堵、满足多元化出行需求、提升出行服务品质提供新的思路。全球五十多个城市相继进行 MaaS 推广探索，在一定程度上解决了城市交通问题，但仍存在投入成本高、运营可持续性差、用户普及率低等一系列问题。本文旨在通过总结国际推广 MaaS 的经验与研究方法，明确 MaaS 建设的总体目标、系统架构、政策保障与推进路径，探讨适合我国城市的 MaaS 建设与运营模式。

【关键词】MaaS；出行即服务；经验总结；实施路径

【作者简介】

张俊峰，男，硕士，深圳市城市交通规划设计研究中心有限公司，工程师。电子信箱：zhangjfjl@163.com

孙超，男，博士，深圳市城市交通规划设计研究中心有限公司，同济大学道路与交通工程教育部重点实验室，高级工程师。电子信箱：sunc@sutpc.com

谢武晓，男，本科，深圳市城市交通规划设计研究中心有限公司，工程师。电子信箱：465811650@qq.com

项目来源：深圳市战略性新兴产业发展专项资金 2018 年第二批扶持计划（深发改［2018］1491 号）

区域智慧交通一体化发展思考

——以粤港澳湾区为例

林钰龙　孙　超　韩广广

【摘要】实施区域协调发展战略是新时代国家重大战略之一，随着京津冀、长三角、粤港澳大湾区等区域一体化建设的推进，跨区域、跨主体、跨方式交通治理挑战日益明显，不同城市交通之间、区域重要交通基础设施之间、不同交通方式之间存在巨大的整合、协调和提升空间。本文立足区域城市群智慧交通建设需求，统筹区域交通发展差异和重点问题，以粤港澳大湾区为例探索以场景和需求为导向的高质量治理模式，从区域数据共享、区域智慧决策、区域规划协同、区域多元治理、区域管控协同、区域智慧设施、区域交通管理、区域出行服务等方面构建湾区智慧交通一体化发展体系，为区域公共服务赋能，助力粤港澳大湾区建成世界一流湾区，打造交通强国建设的智慧交通湾区样板。

【关键词】区域智慧交通；一体化；粤港澳湾区

【作者简介】

林钰龙，男，硕士，深圳市城市交通规划设计研究中心有限公司，工程师。电子信箱：625980797@qq.com

孙超，男，博士，深圳市城市交通规划设计研究中心有限公司，同济大学道路与交通工程教育部重点实验室，副总工程师，高级工程师。电子信箱：649167196@qq.com

韩广广，男，硕士，深圳市城市交通规划设计研究中心有限公司，工程师。电子信箱：1071696045@qq.com

项目来源：深圳市战略性新兴产业发展专项资金 2018 年第二批扶持计划（深发改〔2018〕1491 号）

交通强国背景下深圳市交通
发展战略问题思考

李文斌　邵　源　聂丹伟　黄启翔　周金健　陈　璟

【摘要】近年来，国家高度重视交通强国建设。深圳作为国家"一带一路"战略的门户枢纽和粤港澳大湾区的核心引擎之一，在城市新定位背景下，应主动承担国家使命，在交通强国建设方面做好先行，探索可复制、可推广的超大型城市交通可持续发展模式，为国家建设交通强国提供示范样板。目前，深圳交通发展的桎梏之一是体制机制障碍。本轮深圳交通发展战略，将重点突破制约深圳交通发展的政策、法律和体制机制障碍，系统解决交通运输服务品质不高的问题，降低交通对社会、经济、环境的负外部效益，提升交通科技创新能力，推动深圳交通高质量发展。

【关键词】交通强国；交通战略；城市范例；政策创新；高质量发展

【作者简介】

李文斌，男，硕士，深圳市城市交通规划设计研究中心有限公司，工程师。电子信箱：liwenb@sutpc.com

邵源，男，硕士，深圳市城市交通规划设计研究中心有限公司，副总工程师，城市交通研究院院长，高级工程师。电子信箱：sy@sutpc.com

聂丹伟，男，硕士，深圳市城市交通规划设计研究中心有限

公司，高级工程师。电子信箱：ndw@sutpc.com

　　黄启翔，男，硕士，深圳市城市交通规划设计研究中心有限公司，工程师。电子信箱：huangqx@sutpc.com

　　周金健，男，硕士，深圳市城市交通规划设计研究中心有限公司，工程师。电子信箱：zhoujj@sutpc.com

　　陈璟，女，博士，交通运输部规划研究院，综合运输所总工程师，高级工程师。电子信箱：1614560420@qq.com

大中型城市规划实施低排放区域的可行性分析

马亦欣

【摘要】为打赢"蓝天保卫战",减少城市交通碳排放,加强城市交通环境的品质,国家已逐步提出了规划、实施低排放区域的对策。本文通过对比国内外案例,探究国内大中型城市现有规划、设立、实施低排放区的条件,探索适宜我国发展的低排放区,重点研究低排放区域划定范围、限制车辆种类、监督方法与评估指标。为大城市未来制定低排放区和拥堵收费政策提供技术支撑,提高治理的科学性和针对性,减少目标污染物的排放,以指导政府量化评估政策方案实施后的减排效果,科学比选不同的政策方案,有效减少目标污染物的排放。

【关键词】交通规划;交通环境;低排放区域

【作者简介】

马亦欣,女,硕士,深圳市城市交通规划设计研究中心有限公司,助理工程师。电子信箱:mayix@sutpc.com

新形势下城市中心区再发展的重难点

——以深圳市福田区为例

胥　晴　杨　欣　林秋松

【摘要】随着粤港澳大湾区战略以及深圳城市总体规划"多中心"空间结构的提出，福田作为原深圳唯一中心区的优势不再，其核心地位面临挑战。另一方面，福田区是深圳发展最成熟的片区，交通设施领先全市，如何在此基础上继续升级、更新全区交通体系，实现其"一流国际化中心城区"及"率先落实四个全面的首善之区"的发展目标更是现阶段城市发展的重中之重。本文从综合交通体系的角度，通过分析福田区再发展的重难点和机会，提出相应对策，稳固中心区在新形势下的地位。

【关键词】中心区；再发展；品质交通；粤港澳湾区

【作者简介】

胥晴，女，硕士，深圳市城市交通规划设计研究中心有限公司，工程师。电子信箱：xuqing@sutpc.com

杨欣，女，硕士，深圳市城市交通规划设计研究中心有限公司，助理工程师。电子信箱：yxin@sutpc.com

林秋松，男，硕士，深圳市城市交通规划设计研究中心有限公司，助理工程师。电子信箱：549403423@qq.com

面向 2035 重庆都市圈市域
铁路协调发展研究

欧阳吉祥　王超楠　温　巍　余　辉　邓腾云

【摘要】市域铁路是承载都市圈交通一体化的关键组成部分，与城镇体系布局间有着密不可分的耦合关系。本文首先分析了国内外市域铁路布局与都市圈演变间的关系，明确市域铁路服务的对象、尺度，以及布局影响因素。基于此，分近、中、远期研究重庆都市圈城镇体系布局特征及通勤交通需求演变规律，继而得到重庆大都市圈市域铁路的服务对象、服务尺度。结合在编《重庆市国土空间总体规划》提出的网络化城镇群以及城镇簇群抱团发展策略，提出大都市圈市域铁路布局形态构思方案，建议远期采用树枝状布局，各抱团簇群利用干线连接重庆主城区，在抱团簇群内选取适当位置布置区间站，在区间站与各区县城、重要组团间布置联络线，各条射线间利用枢纽环线解决相互间的转换，形成高效便捷的市域铁路布局模型。

【关键词】市域铁路；网络化城镇群；布局形态；树枝状

【作者简介】

欧阳吉祥，男，硕士，重庆市规划设计研究院，工程师。电子信箱：382583024@qq.com

王超楠，女，硕士，重庆市规划设计研究院，工程师。电子信箱：940152003@qq.com

温巍，男，本科，重庆市规划设计研究院，高级工程师。电

子信箱：15070071@qq.com

　　余辉，男，硕士，重庆市规划设计研究院，高级工程师。电子信箱：402920331@qq.com

　　邓腾云，男，硕士，重庆市规划设计研究院，工程师。电子信箱：461466381@qq.com

轨道站点周边土地获取方式研究

——以东莞 TID 为例

孙　青　杨应科　刘建华

【摘要】"轨道+物业"是公认极具潜力的轨道融资新途径，而其发挥作用的关键一点在于公益性轨道用地和经营性物业用地的开发权能同属于轨道建设运营单位，使得轨道交通效益内部化。然而，目前我国内地该方面的土地获取还存在一定的政策壁垒，经营性用地必须通过"招拍挂"方式进行获取，而非如港铁做法直接以协议方式统一获取开发权，如此一来让内地的"轨道+物业"效益大打折扣。那么，如何取得具有"二重性"的"轨道+物业"用地？本文以东莞轨道 TID 为对象进行研究，对其物业用地的获取方式及相应的法律基础、技术条件、障碍等进行系统梳理，为后续实施操作细则的提出以及下一步探索方向提供参考。

【关键词】轨道交通；物业开发；土地获取；东莞；轨道+物业

【作者简介】

孙青，女，硕士，深圳城市交通规划设计研究中心有限公司，工程师。电子信箱：391491323@qq.com

杨应科，男，本科，深圳城市交通规划设计研究中心有限公司，东莞分院副院长，高级工程师。电子信箱：184894504@qq.com

刘建华，男，本科，深圳城市交通规划设计研究中心有限公司，工程师。电子信箱：38073246@qq.com

对城市群干线机场轨道交通
品质提升的思考

廖建奇　李　蒸　李健民　王琢玉

【摘要】城市群干线机场承担着城市群对外的交通联系。机场轨道交通是机场集疏运体系的重要组成部分。本文在分析各层次轨道交通特点的基础上，提出了机场轨道体系的发展策略，并以珠三角新干线机场为例，分析其机遇与挑战，提出轨道交通提升目标，并从科学制定时间目标值、打造多层次轨道交通体系、乘客出行便捷化、改善乘车体验等方面对其轨道交通品质提升提出建议。

【关键词】干线机场；轨道交通体系；出行品质；乘车体验

【作者简介】

廖建奇，女，硕士，佛山市城市规划设计研究院，工程师。电子信箱：692986309@qq.com

李蒸，男，硕士，佛山市城市规划设计研究院，助理工程师。电子信箱：403915494@qq.com

李健民，女，本科，佛山市城市规划设计研究院，副总工程师，高级工程师。电子信箱：657541581@qq.com

王琢玉，男，硕士，佛山市城市规划设计研究院，交通研究所副所长，高级工程师。电子信箱：1939577@qq.com

上海公共服务设施达标评价与出行结构关联分析

吴娇蓉　王　洋　余　森　张天然

【摘要】《城市居住区规划设计标准》和《上海市 15 分钟社区生活圈规划导则》均提出 15 分钟生活圈的公共服务设施配置要求。本文选取社区卫生服务中心、小学和菜市场三类典型公共服务设施作为研究对象，在上海市七类地理区位（内环内、内外环之间、主城片区、新城、核心镇、中心镇和一般镇）随机抽取 146 个居住区作为样本点，比较不同地理区位公共服务设施配置达标率与实际可达性达标率，得出实际可达性达标率低于公共服务设施配置达标率，且二者正相关。分析三类设施配置均达标、两类或三类设施配置不达标的居住区出行结构特征，研究不同区位公共服务设施达标率与出行结构相关性，得出公共服务设施配置达标情况越好的居住区，居民慢行出行比例越高，小汽车出行比例越低，越接近绿色出行结构目标。并从减少居民对机动化出行依赖性出发，讨论分区域差异化的生活圈服务设施配置及可达性提升策略。

【关键词】公共服务设施；可达性；达标率；区位划分；出行结构；提升策略

【作者简介】

吴娇蓉，女，博士，同济大学道路与交通工程教育部重点实验室，同济大学城市交通研究院，教授，博导。电子信箱：

wujiaorong@tongji.edu.cn

王洋，男，在读硕士，同济大学。电子信箱：hit_wangyang @126.com

余淼，女，硕士，中国城市规划、设计研究院上海分院。电子信箱：1580420238@qq.com

张天然，男，博士，上海市城市规划设计研究院，高级工程师。电子信箱：zhangtianrantj@163.com

项目来源：国家自然科学基金重点项目（71734004）

城际铁路建设时机研究

张天齐　唐怀海　潘昭宇　王亚洁

【摘要】城际铁路以大运量、高密度、公交化的优势支撑和引领城市群的发展，但是要合理把握城际铁路建设的时机，避免过度超前建设而导致资源浪费。因此，本文选取了人口、经济、产业、城镇化以及空间距离五个影响城际客流需求的因素，以已开通运营的 8 条城际铁路所覆盖的沿线城市为例进行了归纳分析。结果表明，城际铁路串联的起终点城市空间距离应大于 100 公里，且覆盖沿线城市的总人口和 GDP 总额应分别大于 2500 万人、1.6 万亿元，各城市人口密度和人均 GDP 应分别大于 1000 人/平方公里、6 万元。另外，当沿线城市城镇化率大于 70%，并处于向后工业化社会过渡的发展阶段时，更加适宜发展城际铁路。

【关键词】城际铁路；建设时机；社会经济；空间距离

【作者简介】

张天齐，男，硕士，国家发展和改革委员会城市和小城镇改革发展中心，助理工程师。电子信箱：543754950@qq.com

唐怀海，男，硕士，国家发展和改革委员会城市和小城镇改革发展中心，工程师。电子信箱：277480065@qq.com

潘昭宇，男，硕士，国家发展和改革委员会城市和小城镇改革发展中心，综合交通所所长，高级工程师。电子信箱：27753357@qq.com

王亚洁，女，硕士，国家发展和改革委员会城市和小城镇改革发展中心，工程师。电子信箱：740259681@qq.com

长三角高速公路取消省界收费站对上海的影响分析

【摘要】高速公路省界收费站对早期高速公路的建设发展和收费管理发挥了重要支撑作用，随着高速公路逐步成网和联网收费清分技术的成熟，取消省界收费站势在必行。省界收费站取消后，出口收费站的收费金额增大，上海还需加装称重设备对货车计重收费，可能会降低出口收费站通行效率，造成堵点转移。本文基于视频调查数据，分析取消省界收费站对出口收费站的交通影响，研究相关配套措施。

【关键词】省界收费站；人工收费车道；通行能力；电子不停车收费；精确路径识别

【作者简介】

江文平，男，硕士，上海市城乡建设和交通发展研究院，高级工程师。电子信箱：77394140@qq.com

深圳港城空间关系变迁历程与协调发展策略

张　伟　乐宜春

【摘要】本文通过深圳港口与城市发展划三个阶段的划分，论述了相应阶段城市总体规划对港口要素内容的安排，并从实施效果上指出了相应不足，体现了港口与城市四十年来的协调发展历程。通过借鉴其他港口城市的先进经验和做法，结合深圳当前港口与城市发展的主要矛盾，提出了宏观上从区域功能协调，中观上从城市规划统筹，微观上从港口后方用地规划实施的协调发展路径。

【关键词】城市发展；港城协调；深圳港

【作者简介】

张伟，男，硕士，深圳市规划国土发展研究中心，高级工程师。电子信箱：17780662@qq.com

乐宜春，男，硕士，深圳市规划国土发展研究中心，工程师。电子信箱：443727562@qq.com

国土空间规划背景下全国
交通发展转型思考

李潭峰 郝 媛 姚伟奇

【摘要】空间发展理念的调整和国土空间规划体系的重构反映了社会发展阶段的转变，今后 15～20 年，我国在由工业文明时代迈向生态文明时代的过程中，社会经济和交通发展需求将发生重大变化。工业文明时代支撑高速增长和空间扩张、以设施建设为主要导向的交通发展思路，难以适应生态文明时代发展需求。在这一时期我国交通发展应重点关注五大转变："接进来"—"走出去"的全球化交通体系，粗放—精准的区域差异化交通系统，增量—减量的绿色交通体系，效率优先向品质导向的多元化交通体系、追随—引领的交通新技术发展。

【关键词】国土空间规划；生态文明；交通转型

【作者简介】

李潭峰，男，博士，中国城市规划设计研究院，高级工程师。电子信箱：tuckey@163.com

郝媛，女，博士，中国城市规划设计研究院，高级工程师。电子信箱：277712368@qq.com

姚伟奇，男，硕士，中国城市规划设计研究院，工程师。电子信箱：116197698@qq.com

粤港澳大湾区机场群协同发展研究

张文娜　李春海

【摘要】机场群是城市群发展到一定阶段的产物，机场间的协同发展是我国三大机场群面临的重要问题。粤港澳大湾区机场群初步呈现"多核集聚"的发展态势，在空域资源极其紧张的情况下如何实现机场群的协同发展是大湾区机场群发展迫在眉睫的任务。本文借助各类数据分析手段，识别大湾区机场群在航线网络、客源腹地、市场主体等方面的特征和问题，借鉴世界级机场群发展案例，提出了机场群协同发展策略。

【关键词】粤港澳大湾区；机场群；协同发展；一体化管理

【作者简介】

张文娜，女，硕士，中国城市规划设计研究院深圳分院，助理工程师。电子信箱：327127294@qq.com

李春海，男，本科，中国城市规划设计研究院深圳分院，工程师。电子信箱：32353795@qq.com

面向"十四五"的上海综合交通体系发展若干思考

顾　煜　吉婉欣

【摘要】"十四五"是我国开启全面建设社会主义现代化国家新征程的第一个五年，上海市要贯彻长三角区域一体化战略，加快构筑新时代综合交通体系，支撑"五个中心"和社会主义现代化国际大都市建设。本文围绕上海建设全球城市的目标，分析未来五年上海交通发展面临的若干重点瓶颈问题，提出"十四五"上海综合交通体系发展的若干思考。

【关键词】交通规划；综合交通；"十四五"；上海

【作者简介】

顾煜，男，硕士，上海市城乡建设和交通发展研究院，高级工程师。电子信箱：chemistgu@163.com

吉婉欣，女，硕士，上海市城乡建设和交通发展研究院，工程师。电子信箱：1013368335@qq.com

苏州小汽车需求调控政策研究

陆乾闻　王　晨　王　文　樊　钧

【摘要】2019 年 3 月，苏州市汽车保有量达 399 万辆，与上海并列全国第四。近年来，苏州私人小汽车出行比例不断攀升，出现保有量和增长量双高态势。建立一套车辆拥有、使用、停放的全过程需求调控的政策体系已刻不容缓。本文以苏州小汽车需求调控政策为主线，通过对现状问题与政策的分析，借鉴国内外经验，从车辆拥有、使用、停放等多个方面着手，进行了限牌、限行、限停、拥堵收费等多情景模式测试，对苏州，特别是苏州古城的小汽车宏观需求调控政策方向进行了研究并提出了建议。

【关键词】政策调控；交通治理；小汽车需求管控

【作者简介】

陆乾闻，男，博士，苏州规划设计研究院股份有限公司，工程师。电子信箱：luqianwen@163.com

王晨，男，硕士，中国城市规划设计研究院，工程师。电子信箱：576360421@qq.com

王文，女，硕士，苏州市自然资源和规划局，工程师。电子信箱：85526055@qq.com

樊钧，男，硕士，苏州规划设计研究院股份有限公司，高级工程师。电子信箱：871946529@qq.com

03　交通规划

近郊型景区交通系统构建

——以溧水无想山为例

韩林宁

【摘要】近郊型景区特殊的区位特征，使其具有与城市融合需求高、交通复杂度高等特点。本文在分析近郊型景区基本特征的基础上，提出其交通系统构建的一般策略，并以溧水无想山为例，针对其内外交通存在的问题，分别对外部交通、内外交通衔接、内部交通提出具体的规划方案。方案不仅强调过境交通疏解、景区客流"快进快出"、城区景区公交融合发展、管理和建设并重，还明确无想山内部应采用"游览车+慢行"的发展模式，通过交通换乘设施将私人小汽车截流在景区边界，保障景区内部的游览秩序和生态环境。

【关键词】交通系统构建；近郊型景区；交通规划；旅游交通

【作者简介】

韩林宁，男，硕士，江苏省城市规划设计研究院，工程师。电子信箱：842062436@qq.com

构建以人民为中心的城市慢行
系统规划实践探索

——以成都市为例

乔俊杰　李　星

【摘要】自党的十九大提出必须坚持以人民为中心的发展思想以来，城市规划编制与管理也逐步将切实满足人民对城市发展与活动空间的实际需求摆在首位，同时，促进以慢行为代表的绿色交通出行逐步成为推进城市低碳发展的重要支撑。我国相关城市及学术研究对于慢行交通系统规划已有了较多的方法探讨及实践探索，但在慢行系统构建方法中对细化考虑各类型慢行出行活动特征及空间要求方面进行深入研究并有效应用于规划方案编制的实践较少。本文以满足人的慢行需求为核心，分析多样慢行活动特征及空间需求，识别各类慢行活动空间，研究慢行网络系统构建方法与慢行空间设计打造要求，并以成都市慢行交通系统规划为实践案例，旨在探索以人民为中心的城市慢行系统规划编制方法与路径。

【关键词】以人为本；慢行交通；精细化设计

【作者简介】

乔俊杰，男，硕士，成都市规划设计研究院，工程师。电子信箱：3061215688@qq.com

李星，男，硕士，成都市规划设计研究院，副所长，高级工程师。电子信箱：358283537@qq.com

国土空间规划背景下区域
交通规划方法探析

刘　丰　韩雪松

【摘要】本文在回顾空间规划发展政策背景及区域交通规划相关学术研究的基础上，指出现状国土空间规划中关于区域交通规划方法研究的不足。在此基础上，分析国土空间规划背景下区域交通规划地位作用及实施专项规划必要性，指出新时期区域交通规划的新原则、新转变及规划新路径，提出规划编制过程中用地控制应遵守的基本规范和原则，最后从"三大协同、规划融合、两大创新"三个方面提出规划编制的注意事项和建议。

【关键词】国土空间规划；区域交通；规划方法；用地控制

【作者简介】

刘丰，男，硕士，四川省城乡规划设计研究院，副总工程师，高级规划师。电子信箱：18302852858@163.com

韩雪松，男，博士，四川省城乡规划设计研究院，高级规划师。电子信箱：18302852858@163.com

广州绿色交通规划实践与思考

周茂松　　张晓明

【摘要】为应对日趋严重的交通拥堵、环境污染和能源紧缺等问题，建设绿色低碳交通成为当今时代发展的共识。本文在绿色交通发展理念的指导下，对广州绿色交通规划和建设过程经历的阶段划分、工作重点和主要成就进行了总结，最后对绿色交通的发展从理念、政策、技术、运营保障等层面提出了几点思考。

【关键词】绿色交通；交通规划；规划实践

【作者简介】

周茂松，男，硕士，广州市城市规划勘测设计研究院，高级工程师。电子信箱：450394845@qq.com

张晓明，男，硕士，广州市城市规划勘测设计研究院，高级工程师。电子信箱：1124649@qq.com

历史城区慢行交通与公共交通整合系统研究

姜　玲　于世军　张思远　杨孝清

【摘要】面对日益增长的交通压力，历史城区因其开发条件的约束，慢行交通加公共交通的发展模式成为缓解其交通问题的有效途径。本文以扬州市历史城区为研究对象，从慢行交通与公共交通整合度、系统可达性以及站点覆盖率的角度分析了扬州历史城区慢行交通与公共交通整合系统的发展现状，并针对性地提出了一些改善性意见。

【关键词】慢行交通；公共交通；整合系统评价

【作者简介】

姜玲，女，硕士，东南大学建筑设计研究院有限公司，工程师。电子信箱：395691919@qq.com

于世军，男，博士，扬州大学，副教授。电子信箱：40423730@qq.com

张思远，男，在读硕士研究生，扬州大学。电子信箱：1742448192@qq.com

杨孝清，男，在读硕士研究生，扬州大学。电子信箱：1252041510@qq.com

项目来源：住房与城乡建设部科学技术项目计划（2015-K5-005）

科教城交通规划策略研究

——以深圳市西丽湖科教城为例

钟　靖　邓　琪　周　军

【摘要】科教城主要由高教园区和科技园区构成，是集高科技产业与教育资源于一体、实现产学研协同发展的重要平台。因科教城功能定位、用地规划、人员构成存在一定特殊性，其交通出行特征有别于普通城市功能区，制定与其定位相匹配、与其空间结构相适应的交通规划策略是拓展其对外影响力、提高内部出行品质、提升片区竞争力的重要保障。本文在分析总结国内外科教城交通特征基础上，以深圳市西丽湖科教城为例，对其交通特征进行研究，从强化国内外城市联系、促进区域科创要素流通、提升内部出行品质等方面探索性地提出了与其发展相契合的交通规划策略，对科教城交通规划具有一定的借鉴意义。

【关键词】科教城；交通策略；交通规划

【作者简介】

钟靖，女，硕士，深圳市规划国土发展研究中心，助理工程师。电子信箱：393946477@qq.com

邓琪，男，硕士，深圳市规划国土发展研究中心，综合交通所副总规划师，高级工程师。电子信箱：5700274@qq.com

周军，男，硕士，深圳市规划国土发展研究中心，综合交通所所长，高级工程师。电子信箱：422835812@qq.com

旅游资源集聚区旅游交通规划方法研究

——以宜兴市宜南山区为例

孙　刚

【摘要】旅游业的快速发展给城市带来了发展机遇，但同时也造成了旅游景区交通拥堵等诸多负面影响。旅游资源集聚区作为城市旅游景区、景点资源集中分布区域，在旅游旺季高峰期的交通问题更为凸显。本文从旅游交通特征和现状问题分析着手，提出旅游资源集聚区交通规划总体思路和"三阶段"旅游交通规划技术方法，利用极端高峰期游客量判断旅游交通发展阶段和确定规划编制主要内容，并以宜兴市宜南山区为例，提出宜南山区路网和交通组织模式转移的优化方案，及高峰期临时交通需求管控措施，为国内类似旅游资源集聚区旅游交通规划提供工作思路和经验借鉴。

【关键词】旅游交通；交通规划；规划方法；旅游资源集聚区

【作者简介】

孙刚，男，硕士，江苏省城市规划设计研究院，工程师。电子信箱：tongjisg1989@126.com

天津市主城区分圈层居住区
交通出行目标研究

路 启 魏 星

【摘要】通过对于天津市主城区分圈层的现状居民交通出行特征分析，揭示出不同圈层城市居民出行具有明显的差异。在对比东京都区部和上海市居民出行特征后发现，不同圈层城市居民在交通目的、交通方式等方面均有其内在的规律性。结合《天津市新型居住社区城市设计导则》的研究以及天津市主城区的实际情况和国内外案例分析，提出天津市主城区分圈层居住区交通出行和交通设施的规划目标，分圈层的交通目标充分体现了区域差别化原则，有助于因地制宜地开展实际工作，从居住区这个城市最基本细胞着手，从源头上提高步行、自行车和公共交通出行比例，从而达到改善城市全局交通状况，营造更加宜居的城市环境的目标。

【关键词】居住区；出行特征；分圈层；交通出行目标；区域差别化

【作者简介】

路启，男，硕士，天津市城市规划设计研究院，高级工程师。电子信箱：luqi_hb@163.com

魏星，男，硕士，天津市城市规划设计研究院，高级工程师。电子信箱：ghyjts@126.com

基于 TOD 理念的轨道站点 片区控规调整策略

刘家军　靳来勇　张建华

【摘要】TOD 是打造城市功能区、疏解城市功能的抓手。本文研究在借鉴日本 TOD 范式的基础上，针对 TOD 站点的周边客流集聚效应，在用地布局调整及规划理念、用地布局结构、小街区规制、开发强度引导与控制以及步行环境塑造上，给出控规调整的相应策略，以期为站点周边用地调整提供针对性引导，并对调整策略进行了具体实例应用。

【关键词】TOD 理念；控规；容积率平移；陆肖站

【作者简介】

刘家军，男，硕士，成都西南交通大学研究院有限公司，工程师。电子信箱：342073329@qq.com

靳来勇，男，硕士，西南民族大学，副教授。电子信箱：1066349@qq.com

张建华，女，硕士，成都地铁运营有限公司，工程师。电子信箱：1277940096@qq.com

基于区域协同视角的天津中等
城市交通规划研究

原　涛　李　科　张庆瑜

【摘要】目前京津冀区域城镇等级结构存在明显的缺陷，小城市与特大城市、超大城市之间存在断层，导致京、津中心城区大城市病突出。2009 年天津市提出按照中等城市标准建设外围新城，京津冀协同深入推进的新形势下，需要对天津中等城市建设交通支撑条件进行重新审视。本文首先剖析当前天津外围中等城市发展特征以及在区域交通上存在的不足，重点分析天津中等城市区域交通面临的新机遇、新模式、新政策和新手段等，继而提出天津中等城市区域交通规划要点，以及未来中等城市交通规划工作关注重点，对于京津冀以及其他城市群中等城市区域层面交通规划具有借鉴意义。

【关键词】京津冀区域协同；中等城市；区域枢纽节点；同城化交通

【作者简介】

原涛，女，硕士，天津城市规划设计研究院交通研究中心，高级工程师。电子信箱：153775646@qq.com

李科，男，本科，天津城市规划设计研究院交通研究中心，高级工程师。电子信箱：153775646@qq.com

张庆瑜，女，硕士，天津城市规划设计研究院交通研究中心，工程师。电子信箱：153775646@qq.com

基于多网融合的西安都市圈
市域铁路布局研究

安　东　宋瑞涛　孙念念

【摘要】随着我国都市圈的快速发展建设，需要在都市圈层面构建一体化的轨道交通网络，从多模式轨道交通的技术特点和客流特征出发，明确不同制式轨道交通在服务范围和功能定位。本文结合西安都市圈空间结构、人口布局、出行特征和轨道交通建设情况，探索研究大西安都市圈市域铁路线网的布局方法和思路，结合交通模型的客流走廊识别结果，明确布局形式和线路方案，最终构建能够支撑大西安都市圈不同出行需求和不同空间尺度的多网融合轨道交通系统。

【关键词】市域铁路；多网融合；都市圈；轨道交通

【作者简介】

安东，男，博士，西安市城市规划设计研究院，交通分院轨道研究所所长，高级工程师。电子信箱：125290635@qq.com

宋瑞涛，男，硕士，西安市城市规划设计研究院，交通分院副院长，高级工程师。电子信箱：37405396@qq.com

孙念念，女，硕士，西安市城市规划设计研究院，工程师。电子信箱：337523121@qq.com

快速城市化地区居民出行方式
选择模型及分析

张道玉　黄启翔　刘鹏娟

【摘要】特殊的自然资源、政策资源禀赋附加，使我国出现了大量的城市新区、经济开发区等快速城市化地区。受主导经济产业、城市土地利用结构、交通基础设施条件等诸多因素影响，快速城市化地区居民出行特征与城市化地区特征差异明显。本研究选取由于行政区划调整而快速城市化的某沿海区域作为研究对象，基于非集计理论，对研究区域调查数据进行分析，建立具有针对性的居民出行方式选择模型，各种出行方式的模型计算值与统计值的误差均小于 5%。通过对模型计算结果的分析可知：快速城市化地区居民出行方式选择受快速城市化前农业状况、已建（在建）项目数量和交通基础设施情况影响。以传统农业为主的区域，步行比例相对较高；已建（在建）项目越多，摩托车出行比例越高；交通便利、公交频率较高的地区，小汽车和公交出行比例较高。

【关键词】快速城市化地区；出行方式；MNL 模型

【作者简介】

张道玉，男，硕士，深圳市城市交通规划设计研究中心有限公司，工程师。电子信箱：zhangdy@sutpc.com

黄启翔，男，硕士，深圳市城市交通规划设计研究中心有限公司，工程师。电子信箱：huangqx@sutpc.com

刘鹏娟，女，硕士，深圳市城市交通规划设计研究中心有限公司，工程师。电子信箱：13923889671@163.com

个人及家庭因素对居民出行行为影响研究

胡封疆　金　霞　丘建栋　胡克川

【摘要】采用 2009 年全美家庭出行调查（NHTS）数据，针对居民社交出行的类别及其特征进行具体研究。本文运用计量经济学理论，以及 SPSS、SAS 分析工具，对数据进行统计分析，建立二元 probit 和线性回归模型。模型考虑了不同工作日类别对解释变量的交互效应，同时对出行参与度和出行时间这两个主要参数进行优化计算。其计算结果证实了在周一、周中和周五，居民社交出行特征有所不同的假设，以及不同工作日居民社交出行特征的变化受到个人特性和社会经济特性的影响。

【关键词】出行参与度；出行时间；二元 probit；线性回归；周中工作日

【作者简介】

胡封疆，男，硕士，深圳市城市交通规划设计研究中心有限公司。电子信箱：314890538@qq.com

金霞，女，博士，美国佛罗里达国际大学（Florida International University），副教授。电子信箱：314890538@qq.com

丘建栋，男，硕士，深圳市城市交通规划设计研究中心有限公司，交通信息与模型院院长，高级工程师。电子信箱：qiujiandong@sutpc.com

胡克川，男，本科，深圳市城市交通规划设计研究中心有限公司。电子信箱：314890538@qq.com

地下联络道出入口评价及优化方法研究

闫蔚东　何小洲　刘　鹏　刘超平

【摘要】地下联络道是实现地下车库共享、分担路面交通压力的重要手段，合理的联络道出入口能够极大地提升联络道的便捷度，增强联络道对地面交通的吸引力，最大限度地发挥联络道的功能。本研究构建了地下联络道出入口评价体系，通过从最短路径分析、时间效益分析和交通运行分析三个层面探寻最佳出入口的布设方法，确定地下联络道的出入口，并对联络道的运行情况进行后评估，为地下联络道的规划、设计和运营提供依据。结果表明利用本研究的方法优化地下联络道出入口能够最大限度地缩短进出地下空间的距离和时间，提高地下联络道的利用率。

【关键词】地下联络道；出入口；最短路径；时间效益

【作者简介】

闫蔚东，男，硕士，南京市城市与交通规划设计研究院股份有限公司，工程师。电子信箱：408766027@qq.com

何小洲，男，博士，南京市城市与交通规划设计研究院股份有限公司，高级工程师。电子信箱：28313414@qq.com

刘鹏，男，硕士，南京市城市与交通规划设计研究院股份有限公司，工程师。电子信箱：909612091@qq.com

刘超平，男，硕士，南京市城市与交通规划设计研究院股份有限公司，工程师。电子信箱：277595681@qq.com

城市交通出行效率对比分析与思考

苏跃江　陈先龙　吴德馨

【摘要】传统的道路交通运行情况主要对速度、饱和度、密度、排队长度、延误等指标进行评价，而交通出行效率是指居民以最少的出行投入完成某种出行活动，强调的是"全过程"出行和"全出行链"的总体效率。因此，研究城市交通出行效率对于提高居民的出行体验和幸福感、缓解城市交通拥堵、支持社会经济发展具有重要的意义。本文研究城市出行效率的内涵和本质；从全过程出行距离、出行耗时、出行速度等维度，按照全方式、机动化方式、各种交通方式分别对比分析北、上、广、深四个城市交通出行效率；提出机动化方式耗时周转量指标，评价分析四个城市的机动化出行方式全过程交通出行效率；针对评价分析提出的问题进行反思，从规划和管理两个层面提出相关对策建议，目的是提升城市交通的出行效率。

【关键词】城市交通；交通出行效率；全过程出行；对比分析；对策建议

【作者简介】

苏跃江，男，硕士，广州市交通运输研究所，信息模型部部长，高级工程师。电子信箱：250234329@qq.com

陈先龙，男，博士研究生，广州市交通规划研究院，信息模型所副所长，教授级高级工程师。电子信箱：314059@qq.com

吴德馨，男，硕士，广州市交通运输研究所，工程师。电子信箱：547301527@qq.com

基于大数据的武汉市综合交通调查方案研究

张子培　彭武雄　孙贻璐　郑　猛　杨　伟

【摘要】综合交通调查是获取城市交通发展规律、预测未来交通发展趋势、制定重大交通规划发展决策的重要手段和基础工作。目前，武汉市城市交通大数据已具备良好的基础条件，在城市交通规划、建设、管理和运营的各个方面发挥了重要作用。为及时掌握武汉市城市快速发展中的交通现状，更好地为推动武汉市交通细致、精致、极致、卓越发展和居民出行品质提升，本文通过分析当前国内城市开展交通调查经验、交通大数据的主要作用，理清了交通大数据和传统交通调查的关系，确定了新型交通调查方式和新一轮综合调查方案。

【关键词】综合交通调查；交通大数据；调查方案

【作者简介】

张子培，男，硕士，武汉市交通发展战略研究院，工程师。电子信箱：zxiaocmlll@163.com

彭武雄，男，硕士，武汉市交通发展战略研究院，高级工程师。电子信箱：21040843@qq.com

孙贻璐，女，硕士，武汉市交通发展战略研究院，高级工程师。电子信箱：164443490@qq.com

郑猛，男，硕士，武汉市交通发展战略研究院，交通研究室主任，高级工程师。电子信箱：119234178@qq.com

杨伟，男，硕士，武汉市交通发展战略研究院，高级工程师。电子信箱：whtpi_yw@qq.com

城市外围地区轨道车站周边交通改善研究

——以天津地铁 2 号线曹庄站为例

董　静　邹　哲　崔　扬

【摘要】随着城市化建设不断向城市外围扩展，城市近郊区域承担着主城区人口、产业转移的功能，与城市主城联系紧密。城市外围地区围绕轨道站点的 TOD 建设极大地促进了地区发展，同时也吸引了大量的通勤交通，带来了道路拥堵和停车问题。本文以天津地铁曹庄站为例，通过对城市外围地区轨道站点客流量、出行分布、接驳方式等出行特征的分析，预测地区停车需求曲线，评价现状静态设施的供给水平，提出区域交通改善措施和管理策略，为城市外围地区 TOD 站点周边需求预测和改善策略提供参考。

【关键词】城市外围；TOD；轨道车站；停车需求预测；交通改善

【作者简介】

董静，女，本科，天津市城市规划设计研究院，工程师。电子信箱：946918731@qq.com

邹哲，男，硕士，天津市城市规划设计研究院，总工程师，高级工程师。电子信箱：946918731@qq.com

崔扬，男，硕士，天津市城市规划设计研究院，高级工程师。电子信箱：946918731@qq.com

关于城市轨道交通沿线
综合开发的思考

陈培文　高德辉

【摘要】城市轨道交通沿线综合开发反哺轨道交通建设运营，同时也是优化土地利用、引领区域发展的触媒，因此愈发受到关注。以 TOD 理念为指导，结合具体城市案例，提出沿线用地分类策略、车站及周边用地潜力评价方法，制定线路综合开发策略、车站开发方案。同时以"经营地铁、经营城市"的理念协同轨道交通与城市的发展，梳理轨道交通物业开发类型，分析不同开发模式的利弊，核算一、二级土地开发分本，多角度考虑综合开发问题，助力实现站城一体化，为其他城市的轨道交通沿线综合开发提供技术经验借鉴。

【关键词】轨道交通；综合开发；TOD；成本分析

【作者简介】
陈培文，男，硕士，中国城市建设研究院有限公司，助理工程师。电子信箱：chenpeiwen@cucd.cn
高德辉，男，硕士，中国城市建设研究院有限公司，综合交通设计研究院二所所长，高级工程师。电子信箱：15121163@bjtu.edu.cn
项目来源：中国建设科技集团青年科技基金项目（Z2018Q26）

2018 年南昌市居民出行调查
修正及交通策略研究

朱慧蒙　胡水燕

【摘要】2015～2018 年，南昌地铁的开通对居民出行行为和方式选择产生了巨大的影响。同时近两年，由于网约车、共享单车、共享汽车的出现，居民的出行方式选择呈现多样化，居民出行特性将发生变化。另外，随着南昌市与周边城市和都市圈融合、城区与外围四县城乡一体化发展趋势日益明显，经济发展和城市化进程的进一步加快，南昌城市交通发展状况呈现新的特征。本次居民出行调查修正通过与前两次居民出行调查进行对比分析，总结南昌市近几年来的交通发展趋势，结合实际的情况提出相应的对策与措施，同时总结相应的调查经验，方便后续调查的顺利开展。

【关键词】南昌市；居民出行调查；策略研究；经验总结

【作者简介】

朱慧蒙，男，本科，南昌市交通规划研究所，助理工程师。电子信箱：864205125@qq.com

胡水燕，女，硕士，南昌市交通规划研究所，工程师。电子信箱：2276446842@qq.com

中国西部国际博览城交通特征及
设施配套规划思路

谢　辉　王亿方　刘　翀　陈必壮

【摘要】中国西部国际博览城（以下简称西博城）位于成都天府新区中央商务区核心区，是成都国际展览中心、国际会议中心和国际商务中心。本文结合西博城一期已运营情况，分析了西博城区位突出、功能复合、会展交通特征明显等特征，归纳了西博城外部通道单一、周边道路功能混杂、设施配套不足等方面的交通问题以及未来存在多源交通需求相互叠加的挑战，结合西博城的实际情况提出西博城交通规划目标和发展策略，并明确了西博城轨道交通、道路交通、停车交通等交通设施配套规划思路与发展要求。

【关键词】西博城；交通特征；规划思路

【作者简介】

谢辉，男，博士，上海城市综合交通规划科技咨询有限公司，高级工程师。电子信箱：xiehui110@126.com

王亿方，男，硕士，上海城市综合交通规划科技咨询有限公司，高级工程师。电子信箱：705124923@qq.com

刘翀，女，硕士，上海城市综合交通规划科技咨询有限公司，工程师。电子信箱：290295027@qq.com

陈必壮，男，硕士，上海市城乡建设和交通发展研究院，总工程师，教授级高级工程师。电子信箱：allanchenb@163.com

新时期综合商业中心区交通改善思考

——以深圳华强北为例

李方卫　王　超　张素禄　吴昌伟

【摘要】新时期，城市综合商业中心区交通问题日趋复杂，并有加剧之势，由于综合商业中心区用地开发强度高、路网体系基本已成形等原因，传统的通过道路交通设施扩容来解决交通问题的方式已难以为继，有必要对此类片区的交通改善思路另辟蹊径。本文以深圳市华强北为例，依托华强北片区交通改善规划项目，对新时期的综合商业中心区短期交通改善方法进行探讨，针对新型交通调查方法、道路空间资源重分配、智能交通设施的应用、成本效益比及以人为本等方面进行重点论述，为此类项目研究思路提供参考。

【关键词】商业中心区；交通改善；华强北；新时期

【作者简介】

李方卫，男，本科，深圳市城市交通规划设计研究中心有限公司，工程师。电子信箱：445944983@qq.com

王超，男，硕士，深圳市城市交通规划设计研究中心有限公司，助理工程师。电子信箱：478157305@qq.com

张素禄，男，硕士，深圳市城市交通规划设计研究中心有限公司，助理工程师。电子信箱：1442235587@qq.com

吴昌伟，男，本科，深圳市城市交通规划设计研究中心有限公司，助理工程师。电子信箱：2437131189@qq.com

融合视角下组团式城市综合交通网络规划研究

沈　翔　蔡红兵　何佳玮　裴　彦

【摘要】本文通过分析台州这一典型组团式城市的交通出行特征和现状问题，从市区融合发展的角度出发，提出构建以快速路网和快速化公共交通为核心的城市综合交通网络体系，并重点分析研究快速路网布局方案、公共交通的结构优化方案、市域轨道 S4 优化方案和公交体系其他优化方案。最后，在规划布局的综合交通网络基础上，测算不同交通圈的出行时间，以时效性分析为主，提出实现构建台州"112"市区交通圈。

【关键词】组团式城市；快速路网；公共交通体系；交通圈

【作者简介】

沈翔，男，硕士，浙江省交通规划设计研究院有限公司，工程师。电子信箱：404518775@qq.com

蔡红兵，男，硕士，浙江省交通规划设计研究院有限公司，规划分院院长，教授级高级工程师。电子信箱：11943536@qq.com

何佳玮，男，博士，浙江省交通规划设计研究院有限公司，高级工程师。电子信箱：569798462@qq.com

裴彦，男，硕士，浙江省交通规划设计研究院有限公司，助理工程师。电子信箱：752131841@qq.com

合并型乡镇交通与用地一体化规划策略研究

——以苏州市吴江区桃源镇为例

汪益纯

【摘要】经济新常态背景下，小城镇作为新型城镇化发展的重点，既面临着发展挑战，也迎来了新一轮的发展机遇。我国乡镇建制的改革产生了众多的合并型乡镇，它们具有"多个中心、要素流动、出行变动"的特点，在空间结构和用地布局上存在着较大的不确定性。针对合并型乡镇，首先需要确定自身发展定位、空间结构和用地布局，其次重视交通对空间结构和用地布局的引导。本文以桃源镇为例，总结乡镇撤并后历版城市规划对其空间结构和用地布局的分析，结合现状发展实际进行评价。重点根据现版城市规划提出的"以铜罗为核心"建设"生态特色休闲度假小镇，现代化江南宜居水乡"这一发展目标，提出"内外交通设施一体化、构建以中心镇区为核心的路网、坚持城乡公交一体化、提升旅游交通服务建设休闲度假小镇、慢行友好发展提升宜居品质"的交通规划策略，引导空间结构形成，促进城市功能实现，满足交通出行需求，希望能够促进交通引导发展、交通用地一体化发展。

【关键词】合并型乡镇；交通与用地一体化发展；交通引导发展；镇建制改革

【作者简介】

汪益纯，女，硕士，江苏省城市规划设计研究院，工程师。
电子信箱：cthso136@126.com

大型城市中运量通道规划研究思考

——结合深圳坂银通道案例

王 依 赵锦添

【摘要】近年来，随着深圳市经济快速发展，深圳市提出构建"多元一体"公交体系的总体要求，在远景轨道网规划的基础上，提出了中运量快速公交网络规划。本文将结合深圳市地区各片区发展及需求，通过研究中运量的制式选择和适应模式，提出中运量通道——坂银通道的规划思路及方案。可以为国内城市同类地区的中运量通道规划提供借鉴和参考。

【关键词】中运量；多元一体；公交网络体系

【作者简介】

王依，女，本科，深圳城市交通规划设计研究中心有限公司，助理工程师。电子信箱：wangyi@sutpc.com

赵锦添，男，硕士，深圳城市交通规划设计研究中心有限公司，工程师。电子信箱：zhaojintian@sutpc.com

以地铁站点建设为契机的旧城区
品质提升研究

——以广州地铁八号线同福西站为例

杨栖云　潘　虹

【摘要】广州地铁八号线同福西站位于海珠区南华西街历史文化保护区与洪德巷历史文化保护区，是广州市中心城区的一隅。因车站工程及建设需要，平整了大片施工场地，待施工结束后将成为该片区难得的可利用的城市空间。为利用城市空间，注入城市新活力，本文通过对同福西站周边现状及规划情况详细摸查与分析，归纳站点周边交通问题，利用车站建设契机，提出交通品质提升策略。

【关键词】旧城区；轨道交通；品质提升

【作者简介】

杨栖云，女，本科，广州市交通规划研究院。电子信箱：734883576@qq.com

潘虹，女，硕士，广州市交通规划研究院，高级工程师。电子信箱：120565132@qq.com

旅游型海岛综合交通规划策略研究

——以阳江市海陵岛为例

塔　建　练　磊　胡劲松　罗　筱

【摘要】在国家大力支持全域旅游、提倡以绿色发展为理念的背景下，旅游型海岛产业经济发展迅速，伴随而来的交通问题日益显现。旅游型海岛交通特征明显异于普通城市，打造适合海岛发展的综合交通规划体系至关重要。海陵岛位于阳江市南侧沿海地区，是中国"十大美丽海岛"。为积极融入"一带一路"及粤港澳大湾区实现区域同频共振，打造国际休闲旅游海岛，结合海陵岛城市总体规划的修编工作，本文通过分析海岛现状交通问题，系统研判了交通发展趋势，提出了相应的综合交通体系和规划策略，可供其他旅游型海岛在编制综合交通规划时作为参考。

【关键词】旅游型海岛；综合交通规划；交通需求预测；规划策略

【作者简介】

塔建，男，硕士，广州市交通规划研究院。电子信箱：610027668@qq.com

练磊，男，本科，广州市交通规划研究院，助理工程师。电子信箱：891558532@qq.com

胡劲松，男，硕士，广州市交通规划研究院，高级工程师。电子信箱：11326397@qq.com

罗筱，女，本科，广州市交通规划研究院。电子信箱：1114617443@qq.com

粤港澳大湾区背景下的广清交通一体化规划研究

谢志明　田　鑫　刘　新　叶树峰

【摘要】粤港澳大湾区是国家建设世界级城市群和参与全球竞争的重要空间载体。其中，广州是大湾区四大中心城市之一，清远地处湾区"桥头堡"的位置，为加速广清一体化发展创造重要契机。本文基于广清两市交通发展特征分析，研判两市在大湾区背景下交通一体化的发展趋势。以打造广清1小时现代化都市圈为目标，提出广清交通一体化方案，形成多层次、多方式的道路和轨道一体化衔接体系。

【关键词】粤港澳大湾区；广清一体化；道路通道；轨道通道；衔接体系

【作者简介】

谢志明，男，硕士，广州市交通规划研究院，教授级高级工程师。电子信箱：25581646@qq.com

田鑫，男，硕士，广州市交通规划研究院。电子信箱：531800508@qq.com

刘新，男，硕士，广州市交通规划研究院，工程师。电子信箱：487836035@qq.com

叶树峰，男，硕士，广州市交通规划研究院，工程师。电子信箱：494221526@qq.com

湾区协同背景下对广州综合
交通发展的思考

熊文婷　缪江华

【摘要】粤港澳大湾区发展规划纲要对湾区城市提出了更高的要求，新时代要求新的担当，广州在湾区中承担着重要的发展任务。同时广州作为唯一的综合交通枢纽门户引领的城市，把握历史发展的机遇尤为重要。本文在解读大湾区协同发展的背景要求的基础上，分析广州的经济社会和交通现状，总结发展定位以及湾区对广州的发展要求，辨析城市交通空间的发展态势以及广州存在的问题和面临的挑战；进而在湾区协同的视角下，面向国际、全国、湾区等不同的层级的要求，从综合交通设施的协同上发挥各类型交通的优势，提出了湾区协同背景下广州综合交通发展的思路。

【关键词】粤港澳大湾区；区域协同；综合交通

【作者简介】

熊文婷，女，硕士，广州市交通规划研究院，工程师。电子信箱：805068486@qq.com

缪江华，男，硕士，广州市交通规划研究院，高级工程师。电子信箱：450417422@qq.com

交通影响评价评述与发展建议

刘　亚

【摘要】交通影响评价在国内已经发展近二十年，虽然取得了一定进展，但仍存在不少问题。本文通过回顾国内外交通影响评价发展历程，剖析国内目前存在的问题，并对交通影响评价工作中的法律体系、管理体系、评价层面和数据理论等方面展开思考，为交通影响评价工作的开展提出建议。

【关键词】交通影响评价；规范；管理；建议

【作者简介】

刘亚，男，硕士，南京城市与交通规划设计研究院股份有限公司，工程师。电子信箱：1967871270@qq.com

水上巴士体系规划研究

——以南宁为例

陆永港　陈立扬

【摘要】随着城市经济的快速发展和机动车保有量的急剧增加，城市道路交通压力日益加剧，需寻求一种绿色、经济、舒适的新型交通方式来缓解陆路交通压力，发展水上巴士就是一种很好的选择，其不仅可作为陆路交通的补充，还为旅游休闲提供了一种新方式。本文以南宁为例，在相关城市背景分析的基础上，分析南宁市发展水上巴士的必要性与可行性，提出水上巴士的功能定位、发展目标与策略以及布局规划方案等，分析和总结水上巴士体系规划研究的经验与方法，为国内其他有条件发展水上巴士的城市提供经验借鉴与参考。

【关键词】水上巴士；功能定位；布局规划；南宁市

【作者简介】

陆永港，男，硕士，深圳城市交通规划设计研究中心有限公司，助理工程师。电子信箱：luyongang@126.com

陈立扬，男，硕士，深圳城市交通规划设计研究中心有限公司，工程师。电子信箱：664703296@qq.com

绿色生态城区绿色交通规划
存在问题与对策

王琳颖　吕庆礼　耿立晴

【摘要】2010～2015 年江苏省绿色生态城区实施了 58 个，已经实施的绿色生态城区绿色交通规划超过 50 个，而绿色交通专项规划的内容在实际绿色生态城区建设中遇到不少问题。本文分析了绿色生态城区中绿色交通规划应该关注的重点，并通过案例梳理了已经编制完成的绿色交通专项规划存在的问题，从交通发展目标制定、交通与土地利用互动、交通系统建设、交通管理等方面提出了绿色生态城区中的绿色交通规划对策。

【关键词】生态城区；绿色交通；交通规划

【作者简介】

王琳颖，女，硕士，南京长江都市建筑设计股份有限公司，工程师。电子信箱：675899701@qq.com

吕庆礼，男，硕士，南京长江都市建筑设计股份有限公司，高级工程师。电子信箱：44045697@qq.com

耿立晴，女，硕士，南京长江都市建筑设计股份有限公司，规划师。电子信箱：526324364@qq.com

长株潭城际铁路运营评估及发展建议

杨 创 葛 妹

【摘要】长株潭城际铁路连接长沙、株洲、湘潭三市，承担三市之间的城际客流，同时兼顾城市客流，为长株潭城市群提供快速、优质的交通服务。但自城际开通之后，客流一直偏小，与预期客流相差较大，无法发挥其应有的功能。本文从客流特征、运营管理、规划设计及接驳配套等4个方面对长株潭城际铁路运营进行了详细的分析与评估，梳理了其发展存在的种种问题，根据其自身定位，并借鉴国内外城际铁路发展经验，提出了针对性的发展建议。

【关键词】长株潭城际；运营评估；公交化运营

【作者简介】

杨创，男，硕士，长沙市规划勘测设计研究院，工程师。电子信箱：893896785@qq.com

葛妹，女，硕士，长沙市规划勘测设计研究院，高级工程师。电子信箱：390400698@qq.com

基于刷卡数据的南京地铁通勤
人群分类与时空行为研究

刘梦吉　刘　阳　张　辉

【摘要】智能卡数据被广泛应用于交通领域的研究，然而在出行行为方面还有待于进一步探索。通勤是城市中最重要的出行目的之一，由于智能卡数据中个人社会经济信息的缺失，在通勤行为的研究上存在一定的困境。本文基于一个月工作日的地铁刷卡数据，对地铁通勤行为和其职住地进行了识别，以通勤 12 天以上的为高频人群，计算其各项通勤特性作为聚类变量。在此基础上采用 K-means 聚类算法将高频地铁通勤人群分为五类，并分别对五类通勤模式的总体特性、通勤时间进行了分析，以可视化形式对比各类通勤模式的异同。本研究利用刷卡数据划分了高频地铁通勤模式，为探索通勤模式的形成机理研究奠定基础。

【关键词】刷卡数据；地铁；通勤模式

【作者简介】

刘梦吉，女，硕士，泛华建设集团有限公司南京设计分公司，助理工程师。电子信箱：liumengji916@163.com

刘阳，女，在读博士，东南大学交通学院。电子信箱：kmliuyang@seu.edu.cn

张辉，男，硕士，南京市城市与交通规划设计研究院股份有限公司，助理工程师。电子信箱：q871817309@163.com

大都市郊区新市镇居民出行特征分析

——以上海安亭新镇为例

叶新晨　陈　非　李　彬

【摘要】大都市区郊区新市镇的建设一方面缓解了市区的人口压力，另一方面也是适应郊区产业化发展的举措。郊区新市镇居民的出行需求受区域的空间形态影响，同时也与区域内交通设施分布相关。本文以上海安亭新镇为例，分析区域用地及交通设施发展现状，基于手机信令数据和传统居民出行调查，研究大都市区郊区新市镇的职住分布、出行特征、出行意愿以及出行客流走廊分布等特征，并结合安亭新镇居民出行特征提出交通发展策略。

【关键词】郊区新市镇；手机信令数据；传统出行调查；居民出行特征；交通发展策略

【作者简介】

叶新晨，女，硕士，上海市交通港航发展研究中心，工程师。电子信箱：906148307@qq.com

陈非，男，博士，上海申铁投资有限公司，投资发展部副经理，高级工程师。电子信箱：chenfeiyafei@163.com

李彬，男，博士，上海市交通港航发展研究中心，副主任，高级工程师。电子信箱：libin@shjt.org.cn

广州市域（郊）铁路规划
发展初步研究

杜慎旭

【摘要】广州城市是"一带一路"关键节点、粤港澳大湾区核心增长极，战略位置关键，社会经济发展水平高。城市发展迈入了新阶段，城市空间呈现多中心发展，人口岗位分布逐渐由中心城区向外围疏散，周边城镇与广州的一体化倾向高、跨城通勤交流强，规划研究市域（郊）铁路是适应广州城市发展、完善轨道交通体系、优化城镇布局、支撑国土空间规划的需要。本文以全球视野、立足湾区，聚焦城市空间发展要求、结合客流出行特征、找准交通存在问题，基于融合发展提出广州市域（郊）铁路发展规划方案。规划形成"十字主轴锚固、四象多点放射、外围加强成网"的规划方案，规划新线 8 条，广州市境内里程约 678 公里。

【关键词】城市空间；客流需求；市域（郊）铁路；通勤

【作者简介】

杜慎旭，男，硕士，中铁第四勘察设计院集团有限公司，高级工程师。电子信箱：543305648@qq.com

新形势下交通影响后评价
机制的思考与运用

郑鹤翔　胡水燕

【摘要】现阶段我国尚未全面开展项目交通影响后评价工作，南昌市主要通过交通管理部门检验建设项目建成后各项交通指标参数是否满足交通影响评价确定的标准来决定项目是否通过验收。本文运用交通影响后评价基本理论，根据实践经验在可操作性和实用性方面对指标系统进行调整，提出了一套后评价技术路线，并通过一个案例运用进一步思考适应南昌市的交通影响后评价机制，为其他地区交评验收或影响后评价提供参考与借鉴。

【关键词】南昌市；交通影响后评价；技术路线；案例运用

【作者简介】

郑鹤翔，男，本科，南昌市交通规划研究所，助理工程师。电子信箱：jtzhxjob@163.com

胡水燕，女，硕士，南昌市交通规划研究所，工程师。电子信箱：hushuiyan0604@126.com

城际铁路速度目标值与
站间距选择研究

谢覃禹　何　雄

【摘要】城际铁路作为上承高速铁路、下接城市轨道的铁路系统，是中国城市化高度发展的体现。速度目标值和站间距是影响城际铁路运营指标的两个重要因素，直接影响了城际铁路的客流效益和运输效率。论文从对近几年来城际铁路发展的梳理，以点到点的时间目标和城镇地区覆盖水平为判断标准，提出城际铁路速度目标值和站间距选择的方法。

【关键词】城际铁路；速度目标值；站间距；时间目标；城镇覆盖率

【作者简介】

谢覃禹，男，硕士，长沙市规划勘测设计研究院，工程师。电子信箱：xqu_305444830@qq.com

何雄，男，硕士，长沙市轨道交通集团，工程师。电子信箱：xqu_305444830@qq.com

市域快线功能实证研究
——以深圳市轨道 11 号线为例

罗　沂　郭　莉　周　军

【摘要】市域快线是引导城市空间布局优化、提供组团化快速联系和缓解城市交通拥堵的重要手段。为此，深圳市在新一轮轨道交通线网规划者中，构筑了"七放射，一半环"的市域快线布局结构。深圳市轨道 11 号线为深圳首条规划和建成的市域快线，对于深圳市域快线规划建设具有指导意义。本文从客流和站点周边土地利用出发，通过地铁刷卡数据和深圳市建筑普查数据，分析 11 号线的客流和外围片区轨道沿线土地开发特征，实证研究 11 号线规划功能。结果表明 11 号线组团化客流特征明显，支撑通勤出行作用显著，提供了较好机场快线服务，对外围站点周边土地功优化作用明显，基本实现了 11 号线的规划功能，对于其他线路规划建设有一定借鉴意义。

【关键词】市域快线；功能实证；深圳市轨道11号线

【作者简介】

罗沂，男，硕士，深圳市规划国土发展研究中心，工程师。电子信箱：luoyihit@163.com

郭莉，女，硕士，深圳市规划国土发展研究中心，高级工程师。电子信箱：kelly_guoli@qq.com

周军，男，硕士，深圳市规划国土发展研究中心，高级工程师。电子信箱：zhoujun@suprc.org

高铁枢纽地区的交通空间组织逻辑思考

鲁亚晨　何丹恒　冯　伟

【摘要】高铁枢纽地区既是各种交通设施的集中区域，也是各种交通流的汇集区域，既有交通工程的复杂性，也有交通流的空间组织的复杂性。对于各交通线性工程之间、各种交通流线之间以及交通与城市功能空间相互关系的协调，在枢纽地区愈发重要。而空间协调或空间资源的配置，需要一个清晰的空间组织逻辑或者核心价值观指导各种空间关系之间的处理。本文认为应转变"以车为本"的车行交通组织思维，而以步行优先为空间资源配置原则，以行人空间组织为核心进行枢纽地区的交通网络构建和交通空间资源配置，将交通空间组织所产生的交通可达性价值转变为针对枢纽地区城市开发所需的城市可达性价值。

【关键词】交通空间规划；交通空间组织逻辑；城市可达性；空间感知

【作者简介】

鲁亚晨，男，硕士，杭州市城市规划设计研究院，高级工程师。电子信箱：719991715@qq.com

何丹恒，男，硕士，杭州市城市规划设计研究院，工程师。电子信箱：411919954@qq.com

冯伟，男，硕士，杭州市城市规划设计研究院，工程师。电子信箱：693930551@qq.com

轨道车站客流高峰时段与
土地利用关系研究

顾丽萍   叶霞飞

【摘要】本文分析了大阪和上海城市轨道交通现状客流数据，证实了线路和车站的客流高峰时段存在不重叠的现象，明确了不应以线路的客流高峰时段所对应的站点客流量作为车站的设计依据；并以上海轨道交通 3 号线为例，基于现状数据和资料，探讨了车站位置、性质和周边土地利用等因素对站点客流高峰时段的影响，建立了进出站客流高峰时段与土地利用关系之间的数学模型；提出了"车站规模客流"的确定方法，为新建项目的车站设计和运营部分提供必要的支撑，也为后续改建项目（如"补短板"）提供科学的依据，以求能够达到为广大乘客提供更适宜的服务水平和为实施主体提供更合理的成本规模之间的平衡。

【关键词】城市轨道交通；车站客流；高峰时段；土地利用

【作者简介】

顾丽萍，女，硕士，上海城市综合交通规划科技咨询有限公司，工程师。电子信箱：glp19890422@sina.com

叶霞飞，男，博士，同济大学，交通运输工程学院副院长，博士生导师，教授。电子信箱：yxf@tongji.edu.cn

基于混合选择模型的出行方式选择行为研究

乐　意

【摘要】除了出行时间、费用等传统因素会影响出行方式选择行为，出行者本身的主观态度和感知也会造成影响。由于这些潜在的主观变量度不能直接反映在传统的离散选择模型中，采用混合选择模型进行进一步扩展。本研究采用苏州市吴江区的案例研究来建立一个将安全问题作为潜变量的混合选择模型。标定结果显示混合选择模型比没有潜变量的多项 logit 模型得到更好的拟合优度。此外，一些社会经济因素，如性别、年龄和居住地点，也会影响出行者对出行安全的考量。

【关键词】混合选择模型；潜变量；方式选择；出行安全

【作者简介】

乐意，女，硕士，上海城市综合交通规划科技咨询有限公司，助理工程师。电子信箱：657373946@qq.com

深圳市轨道站点客流特征与
土地利用关系研究

杨心怡　李　寻　马　亮

【摘要】客流特征例如高峰时段客流量、高峰时段是轨道客流预测的重要参数之一。关于轨道客流已有许多研究，然而大部分已有研究都是先根据站点客流量或站点性质等因素对站点进行分类，然后结合土地利用分析轨道客流于土地利用的关系。本文尝试在不进行主观分类的条件下，依据各站点早晚高峰时段客流特征对其进行聚类，并结合站点周围 500 米半径范围内的用地数据对聚类结果进行对比分析，找出各类站点高峰时段客流特征与站点周边土地利用的联系与规律；最后运用决策树分析，找出影响站点类别的关键影响因素。结果表明：站点周边居住、私宅与办公相关类用地的相对比例对站点的进出站早晚高峰客流量与潮汐性有显著影响；土地利用混合度与道路长度与站点客流没有明显关联。

【关键词】聚类分析；土地利用；轨道客流预测；高峰客流特征；决策树分析

【作者简介】

杨心怡，女，硕士，深圳市规划国土发展研究中心，助理规划师。电子信箱：xinyiyang@msn.cn

李寻，男，博士，深圳市规划国土发展研究中心，助理规划师。电子信箱：lixunutp@qq.com

马亮，男，硕士，深圳市规划国土发展研究中心，高级工程师。电子信箱：43751565@qq.com

考虑直通运营的区域轨道交通
一体化规划探讨

李明高　俞　斌　张福勇　李寿生　张翔宇　路　超

【摘要】轨道交通是城市群综合交通系统的核心和骨架，区域轨道交通一体化是城市群发展的重要引擎。实践经验表明，轨道交通间的直通运营是轨道交通一体化发展的最终表现形式，也是满足乘客直达化出行需求的直观体现。随着城市群的发展及居民对出行品质提升的需求，轨道交通直通运营是未来发展的趋势。因此，在轨道交通规划阶段考虑直通运营具有重要意义，考虑直通运营下如何进行轨道交通规划是当前亟须解决的问题。本文首先从设备设施和运营组织等方面借鉴了东京在实现直通运营过程中的技术解决方案，并定量总结了东京轨道交通直通运营效果。在此基础上，重点从交通需求分析、关键廊道和节点识别、土地预留、设备设施规划四方面探讨了在考虑直通运营下，轨道交通规划需关注的要点。

【关键词】城市交通；直通运营；轨道交通；一体化规划

【作者简介】

李明高，男，博士，珠海市规划设计研究院，交通规划设计分院副总工程师，高级工程师。电子信箱：liminggao1989@126.com

俞斌，男，硕士，珠海市规划设计研究院，交通规划分院总工程师，高级工程师。电子信箱：25600894@qq.com

张福勇，男，硕士，珠海市规划设计研究院，交通规划分院院长，高级工程师。电子信箱：806211339@qq.com

李寿生，男，硕士，珠海市规划设计研究院，交通规划分院副院长，高级工程师。电子信箱：liminggao06@126.com

张翔宇，男，硕士，云南省铁路投资有限公司，工程师。电子信箱：406656947@qq.com

路超，男，本科，珠海市规划设计研究院，工程师。电子信箱：379525123@qq.com

区域发展视角下的城际轨道线
站位优化思考

——以杭州至德清城际轨道为例

陈小利　余　杰

【摘要】随着城市群、都市圈内城市之间的交流互动越加频繁，城际轨道交通的规划建设进入高潮期。然而城际轨道建成后的综合效益与建设资金成本之间的差距也是各大城市在实际发展中的担忧。为了更好地体现轨道交通的综合效益，实现轨道交通建设与城市发展的共赢，需要对即将实施的轨道线站位进行慎重的优化选址，避免建设后期留有遗憾。本文以杭州都市圈中的杭州至德清城际轨道为例，从区域发展需求、城市发展动态、片区发展不确定性等多个维度对线站位提出了优化建议，以便在设计阶段做好充分的预留。

【关键词】杭州都市圈；城际轨道；线站位；优化

【作者简介】

陈小利，女，硕士，杭州市城市规划设计研究院，工程师。电子信箱：1825536584@qq.com

余杰，男，硕士，杭州市城市规划设计研究院，工程师。电子信箱：466468752@qq.com

宁波市鄞州区综合交通系统
构建的战略思考与探索

张　鸿　邵　挺　宋珊珊

【摘要】城市综合交通系统的建设关系着城市长久发展，优质的综合交通体系、多维的城市交通网络、对提升城市竞争力、改善城市品质、优化出行环境具有重要的意义。本文从宁波市鄞州区综合交通系统出发，在宁波市新总体规划及宁波 2049 战略编制前期背景下，进行区内综合交通发展的战略思考，通过对区内现状及规划综合交通系统的评估分析，梳理区内存在的不足及面临的问题，充分了解新形势、新环境下，城市综合交通体系与城市发展之间的匹配性，并结合城市实际需求，提出鄞州新的大交通系统构建的战略部署，以期在新一轮大交通体系规划中，提前谋划，战略控制，为宁波市鄞州区更好、更快发展，提供技术保障。

【关键词】综合交通；战略控制；多维体系；交通一体化

【作者简介】

张鸿，男，本科，宁波市鄞州区规划设计院，工程师。电子信箱：1046652811@qq.com

邵挺，男，本科，宁波市鄞州区规划设计院，工程师。电子信箱：332363285@qq.com

宋珊珊，女，本科，宁波市鄞州区规划设计院，工程师。电子信箱：2605766329@qq.com

港口道路集疏运系统规划研究

——以长沙铜官港为例

赵政宇　李炳林　张平升

【摘要】以长沙铜官港为研究对象，为提升港口货运交通集疏散效率，减少对城市交通的影响，在调研、分析港口集疏运发展趋势，预测港口近、远期的道路集疏运交通量规模的基础上，对港口对外、内外衔接及内部疏港通道规划布局进行了研究，同时对港口道路断面、节点规划也作了初步探讨，以实现港城交通分离、客货交通分离，促进港城交通和谐发展。不仅可以为港区集疏运系统道路网规划提供思路，还可指导片区控制性详细规划修编工作。

【关键词】港口；道路集疏运系统；交通量；预测；规划

【作者简介】

赵政宇，男，硕士，长沙市规划勘测设计研究院，工程师。电子信箱：andongni@yeah.net

李炳林，男，硕士，长沙市规划勘测设计研究院，高级工程师。电子信箱：86791011@qq.com

张平升，男，硕士，长沙市规划勘测设计研究院，工程师。电子信箱：324791011@qq.com

深圳市居民出行结构演变特征
分析及政策启示

马　亮　周　军

【摘要】深圳市 2016 年的公交分担率相比 2010 年并未明显提升，引发了轨道交通对缓解交通拥堵、促进公交优先作用的讨论，有必要深入剖析不同空间尺度的居民出行结构演变特征以客观评估轨道交通的作用和指导公交发展政策制定。本文基于 2010 年、2016 年两次居民出行大调查数据，从宏观、微观两个层面分析居民出行结构的演变特征，发现地铁、常规公交、小汽车三种方式的分担率变化在空间上呈圈层差异化分布；然后利用两步聚类法将全市划分为四类交通发展区：地铁优势发展区、公交优势发展区、小汽车优势发展区、交通平衡发展区；最后，对现状公交发展政策进行检讨，并论证了建立交通发展政策分区的必要性，从交通政策分区划定、公交发展目标、公交体系构建、发展路径等方面提出公交发展的政策建议。

【关键词】城市轨道交通；出行结构；交通发展评估；交通政策分区；公交发展政策

【作者简介】

马亮，男，硕士，深圳市规划国土发展研究中心，高级工程师。电子信箱：437551565@qq.com

周军，男，硕士，深圳市规划国土发展研究中心，综合交通所所长，高级工程师。电子信箱：422835812@qq.com

浅析市域轨道交通对中小节点
城市的影响

——以金武永东市域轨道线对武义县影响为例

叶　波　张晶慧

【摘要】针对目前国内外对市域轨道在中小节点城市影响方面的研究空缺，本文以浙中城市群规划第二条市域轨道——金武永东线为契机，以沿线中小节点城市——武义县为研究对象，通过定性与定量相结合的方法，浅析市域轨道对沿线中小节点城市带来的机遇与挑战。

【关键词】市域轨道；中小节点城市；浙中城市群；金武永东线

【作者简介】

叶波，男，硕士，中咨城建设计有限公司浙江分公司，助理工程师。电子信箱：2233949006@qq.com

张晶慧，女，本科，中咨城建设计有限公司浙江分公司，助理工程师。电子信箱：1924377100@qq.com

美丽乡村背景下村庄道路规划设计浅析

刘语轩　任利剑　运迎霞

【摘要】美丽乡村是建设社会主义新农村时期提出的一个具体要求，村庄道路系统规划是美丽乡村建设过程中的关键因素之一。村庄道路作为乡村的基本骨架和交通出行的重要载体，不仅影响着乡村的空间结构与形态的发展，同时对乡村的生产生活发展方面也有极大的作用力。但在村庄规划积极的编制实践中，仍然存在着照搬城市道路系统的规划设计模式，其做法违背了乡村基本实情，也脱离了乡村现状发展。本文旨在美丽乡村建设的背景下，在分析乡村普遍存在的交通问题的基础上，通过实际案例分别总结了村庄道路的功能及其规划设计要点。美丽乡村的道路规划设计应遵循统筹规划、因地制宜、需求导向、节约用地、保护耕地、乡村特色的原则，按照村庄道路功能及乡村环境的需求合理规划布置路网结构，这对我国美丽乡村的建设及村庄道路规划设计具有一定指导借鉴意义。

【关键词】美丽乡村；村庄道路；道路规划

【作者简介】

刘语轩，女，在读硕士，天津大学。电子信箱：2521549733@qq.com

任利剑，男，博士，天津大学，副研究员。电子信箱：20199384@qq.com

运迎霞，女，博士，天津大学，教授。电子信箱：yunyx@126.com

带形城市交通规律与启示研究

伍速锋　康　浩　曹雄赳　刘润坤

【摘要】带形城市是一类特征明显的城市，有更生态、交通组织更简单、容易形成多中心等诸多优点。文章通过数理分析、数据验证和实证分析等发现，带形城市交通存在两个显著的规律：带形城市比团状更容易拥堵，带形城市更有利于公交发展。因而在带形城市的规划与治理中，需要扬长避短，通过用地与交通结合打造公交走廊，优先发展公交，构建公交都市。带形城市也要坚持多组团、多中心的分散布局。另外国家的相关政策也需要对带形城市进行特殊对待，比如适当降低带形城市轨道交通发展门槛等。

【关键词】城市交通；带形城市；交通拥堵；公交优先

【作者简介】

伍速锋，男，博士，中国城市规划设计研究院，智能交通与交通模型所所长，高级工程师。电子信箱：wusf01@qq.com

康浩，男，硕士，中国城市规划设计研究院，工程师。电子信箱：caupd_kanghao@163.com

曹雄赳，男，硕士，中国城市规划设计研究院，工程师。电子信箱：caoxiongjiu@126.com

刘润坤，男，在读博士，北京航空航天大学。电子信箱：1440303955@qq.com

项目来源：2018 国家重点研发计划项目"城市交通智能治理大数据计算平台及应用示范"（2018YFB1601100）课题二"超

大规模的广域时空交通知识聚合"（2018YFB1601102）、中国城市规划设计研究院科技创新基金项目"基于数据挖掘的交通拥堵机理解析"（C-201728）

杭州都市区多层级轨道交通网络和枢纽体系规划探索

王　峰　周杲尧　邓良军　冯　伟　李家斌

【摘要】在杭州建设"独特韵味、别样精彩"世界名城、构建亚太地区重要国际门户枢纽的发展背景下，本文分析杭州都市区市轨道交通现状，剖析未来杭州轨道交通发展面临的新环境，从多层次轨道交通功能体系及网络与枢纽布局等角度出发，探索杭州轨道交通的发展战略方向和系统架构。

【关键词】轨道交通；多层次；枢纽；杭州

【作者简介】

王峰，男，硕士，杭州市城市规划设计研究院，副总工程师，高级工程师。电子信箱：180902166@qq.com

周杲尧，男，硕士，杭州市城市规划设计研究院，高级工程师。电子信箱：14989184@qq.com

邓良军，男，硕士，杭州市城市规划设计研究院，工程师。电子信箱：114103272@qq.com

冯伟，男，硕士，杭州市城市规划设计研究院，工程师。电子信箱：693930551@qq.com

李家斌，男，硕士，杭州市城市规划设计研究院，工程师。电子信箱：516704343@qq.com

特大城市第二机场规划中的
关键问题思考

——以杭州为例

刘　川　王　峰

【摘要】当前国内许多特大城市机场设施容量已达到或接近饱和，航空发展面临规划扩容或新增第二机场的战略选择。本文首先指出杭州在第二机场研究中面临规模不确定性、发展目标分歧、区域机场关系不清晰的问题。其次，通过战略相关方的投入回报分析指出，航空生产规模存在规模效应拐点、城市获得效益存在边际效益变化、乘客从可达向多样性服务要求转变的目标认识。再次，通过研究国际公认城市群的机场体系，提出在城市群和都市圈尺度上，分别实现市场分工和服务分工的认识框架，并从历史视角梳理长三角机场群核心机场互动关系，提出基于航线分工、腹地分工、功能协同分工的三个演化阶段。最后，基于上述认识，提出杭州第二机场应以高质量航空服务体系构建为目标，以功能分析为基础判断发展总规模，尊重空间尺度规律，在合理的服务半径内谋划选址。

【关键词】第二机场；规划；航空战略；杭州；特大城市

【作者简介】

刘川，男，硕士，杭州市城市规划设计研究院，工程师。电子信箱：570780296@qq.com

王峰，男，硕士，杭州市城市规划设计研究院，高级工程师。电子信箱：180902166@qq.com

城市老城区地铁站点及周边
空间优化策略研究
——以合肥市四牌楼地铁站为例

顾大治　　张　袁　　张元龙

【摘要】在城市老城区中植入地铁站点，一方面减少了城市居民的出行成本，另一方面也导致地铁站点及周边空间产生了一些问题与情况。本文以合肥地铁2号线四牌楼站为例，对城市老城区地铁站点及周边空间优化策略展开研究，通过实地调研，采集第一手数据，基于空间设计视角解析城市老城区轨道交通站点周边空间要素，从地铁站点内部空间与周边空间两个层面展开多维度分析。针对城市老城区既有轨道交通站点周边用地现状特征和存在问题进行定性与定量分析，提出四牌楼地铁站及周边空间更新策略，引导城市老城区轨道交通站点及周边空间全面协调可持续发展。以期为未来各类城市老城区轨道交通站点及周边空间建设提供参考。

【关键词】地铁站点；老城区；空间更新；优化设计

【作者简介】

顾大治，男，博士，合肥工业大学，副教授。电子信箱：1219173768@qq.com

张袁，女，在读硕士，合肥工业大学。电子信箱：zy1219173768@163.com

张元龙，男，在读硕士，合肥工业大学。电子信箱：1693398106@qq.com

项目来源：中央高校基本科研业务费资助（课题编号JZ2019HGBZ0124）；安徽省住建厅研究课题资助（课题编号JS2017AHST0226）

基于城市更新的老城综合交通
改善策略研究

——以南通市为例

刘秋晨

【摘要】在城市更新的背景下，老城的变革刻不容缓。当前交通拥堵问题高品质的交通出行是提高老城吸引力和人气的重要因素。本文通过分析城市更新背景下老城的交通发展需求，总结老城现状交通困境，提出适应于新形势背景下的老城综合交通改善策略，并以南通市濠河片区为例，提出交通改善措施。

【关键词】城市更新；老城；交通发展需求；南通市濠河片区；交通改善措施

【作者简介】

刘秋晨，女，硕士，江苏省城市规划设计研究院，工程师。电子信箱：836911960@qq.com

绿色出行视角下城市空间协同
发展模式及策略研究

张元龙　张　袁　张　岸

【摘要】随着当前生态文明理念和可持续发展战略的提出和不断发展，生态环保、低碳循环、绿色交通等设计思想在城市规划和建设当中逐渐成为人们关注的焦点，并渗透到城镇居民生活的方方面面。在此背景下，城镇居民未来的交通出行方式将实现向绿色出行的转型。然而，随着我国城镇化进程和经济社会发展的快速推进，城市的建成环境逐渐出现了不适宜的大尺度大空间、绿色出行方式与空间尺度不协调等问题，造成了人们绿色出行环境质量的严重下降。据此，研究通过选取相关优秀案例，提炼总结不同绿色出行方式下的空间营造模式，并相应提出三种空间协同发展策略，包括步行出行下的人文尺度街区和人体尺度下的公共空间塑造、自行车出行下的多尺度空间营造、公共交通出行下的多层次交通与多尺度空间构建，基于此三种绿色出行方式来探讨城市空间协同发展模式和策略，以期为未来优化城市绿色交通网络和空间布局提供基本思路。

【关键词】绿色出行；空间尺度；步行；自行车；公共交通

【作者简介】

张元龙，男，硕士，合肥工业大学建筑与艺术学院。电子信箱：1693398106@qq.com

张袁，女，硕士，合肥工业大学建筑与艺术学院。电子信

箱：1219173768@qq.com

张岸，男，硕士，安徽建筑大学建筑与规划学院。电子信箱：1693398106@qq.com

日本社会生活调查对交通规划调查设计的启示

王贤卫

【摘要】交通规划的目的从单纯地满足机动出行向提升出行品质和保障生活质量转变。出行行为的机制分析也更加依赖于完整的社会活动调查数据。本文介绍了在介绍日本的社会生活调查基础上，对比了传统出行调查与社会生活调查，并对部分属性和时间分配的关联进行了分析。通过对活动类型、社会人口属性内容设置的归纳，以及对日本调查数据的分析结果，得到对关注于生活质量的交通调查的启示。

【关键词】交通规划；社会生活调查；出行品质

【作者简介】

王贤卫，男，博士，厦门市交通研究中心，工程师。电子信箱：wxwtj0316@126.com

世界级城市群的中等城市轨道交通发展模式研究

——以天津市武清区为例

崔 扬

【摘要】京津冀协同发展提出建设轨道上的京津冀,以支撑城市群的空间优化、产业协作。本文从中等城市视角出发,以天津市武清区为例,通过解析东京都市圈埼玉县的轨道交通发展模式、轨道网络层次结构的经验,对比武清区城市空间结构和轨道交通发展现状,提出武清区轨道交通发展模式建议。

【关键词】线网层级;轨道交通;中低运量;中等城市

【作者简介】

崔扬,男,硕士,天津市城市规划设计研究院,高级工程师。电子信箱:sakaicy@163.com

04 道路与街道

轨道高架下方城市道路设计实践

——以深圳市腾龙路为例

叶海飞　张　彬　徐　茜

【摘要】轨道高架下方城市道路是城市发展的重要轴线，沿线出行活动多样，空间营造"硬伤"较大，对道路设计要求较高。本文以轨道高架下方城市道路设计为对象，在总结分析轨道高架下方城市道路主要特征的基础上，探索如何通过精细化、品质化、人性化的道路设计，打破轨道高架对下方城市道路及沿线空间的制约，实现"轨道"与"城市道路"二者融合发展，重新焕发轨道高架下方城市道路的出行活力，进而为轨道高架下方城市道路设计实践提供一定的参考。

【关键词】轨道高架；道路设计；完整街道；空间营造

【作者简介】

叶海飞，男，硕士，深圳市综合交通设计研究院有限公司，高级工程师。电子信箱：191394006@qq.com

张彬，男，硕士，深圳市综合交通设计研究院有限公司，交通规划一所所长，高级工程师。电子信箱：21264687@qq.com

徐茜，女，硕士，深圳市综合交通设计研究院有限公司，工程师。电子信箱：464344353@qq.com

城镇段公路安全评价的主要特点
——以上海大叶公路为例

黄云飞

【摘要】公路安全评价在山区地区开展较早，安全评估本身对于道路的方案设计、方案审批以及后期的运营管理均有指导意义。随着《公路项目安全性评价规范》（JTG B05-2015）的发布，上海也逐步开展公路安全评估，由于上海郊区公路较传统意义的公路有一定区别，其设计遵循公路设计规范标准，但是实际功能多为城市市政道路，因此上海市城镇段公路的安全评估在评价重点及评价方法上较传统公路均有一定差别。本文以上海大叶公路为例，分析城镇段公路安全评估的基本方法以及评价重点。

【关键词】城镇段；公路；安全评价

【作者简介】

黄云飞，男，本科，上海同济城市规划设计研究院有限公司，助理工程师。电子信箱：694448871@qq.com

城市道路红线规划方法研究

——以泰兴为例

韩林宁　纪　魁

【摘要】 道路红线是城市道路建设的依据，也是用地布局、规划管理的重要支撑。本文在分析道路红线作用、明确红线规划原则的基础上，研究了红线规划的一般性方法，提出了红线规划的主要流程和内容，以期对红线规划编制工作提供指导。最后以泰兴城市红线规划为案例，针对其现状和规划存在的问题，对道路等级进行了调整，对红线及红线空间分配进行了优化，提出了交叉口红线的控制方法，还对红线内设施设置、红线两侧建设提出了指引。

【关键词】 红线规划；城市道路；规划方法；交通规划

【作者简介】

韩林宁，男，硕士，江苏省城市规划设计研究院，工程师。电子信箱：842062436@qq.com

纪魁，男，博士，江苏省城市规划设计研究院，工程师。电子信箱：397299100@qq.com

面向自动驾驶的城市街道设计研究

刘　凯　常四铁

【摘要】自动驾驶将带来小汽车诞生百余年来又一次道路交通革命，城市规划师需要以此为契机调整街道设计策略，纠正传统上小汽车优先的道路设计造成的问题。在总结目前街道设计和自动驾驶相关研究的基础上，分析自动驾驶对道路交通可能产生的积极与不利影响因素并归纳为积极、负面两种典型发展场景，从有利于实现积极场景出发提出街道设计原则。在此原则下，就未来街道设计关键问题开展详细研究，包括安全设计、道路限速、车道设置、人车交互、多功能街道等五个方面。通过上述研究，未来城市街道将从当前依据工程等级划分，转向依据其在城市客流疏解中承担的功能分类，并初步提出面向自动驾驶的街道类型。

【关键词】街道设计；自动驾驶；设计原则；街道类型

【作者简介】

刘凯，男，硕士，武汉市规划研究院，工程师。电子信箱：178140297@qq.com

常四铁，男，硕士，武汉市规划研究院，高级工程师。电子信箱：178140297@qq.com

旧城街道出入口无障碍实施难点及设计策略

冯 羽

【摘要】在城市双修环境背景下的街道改造开始更多地关注弱势群体的使用需求。然而传统旧城道路出入口中存在大量客观问题，导致在道路改造提升中难以按照常规的设计方法去解决出入口无障碍问题。本文通过对街道设计相关理念及方法的研究，提出景观融合设计策略以及几何空间改造策略。最后以深圳市罗湖区道路设施品质提升项目中的出入口无障碍难点改造方案为例，为类似的道路品质提升设计方案提供借鉴。

【关键词】城市街道；出入口；无障碍设计

【作者简介】

冯羽，男，硕士，同济大学建筑设计研究院（集团）有限公司，工程师。电子信箱：fy5221714@163.com

高速公路市政化改造要点研究

关士托　彭庆艳

【摘要】研究了城市快速发展背景下的郊区城市化进程中的高速公路市政化改造问题，指出高速公路城区段主要存在交通拥堵、公路两侧用地切割和交通用地浪费三方面主要问题。基于复合通道、用地集约、提升品质的三大改造设计理念，提出通道模式选择、通道规模确定、节点分级设计、主线立交优化和精细设计五大改造要点，以实现交通功能满足、用地集约、品质提升的改造目的。以深圳市龙大高速市政化改造为案例，提出了"主线快速路+辅道主干路"的复合通道模式、分层次多级立交体系和精细化辅道设计方案，为后续相似高速公路市政化改造提供借鉴。

【关键词】高速公路；市政化改造；改造要点；用地集约；龙大高速

【作者简介】

关士托，男，硕士，上海市城市建设设计研究总院（集团）有限公司，助理工程师。电子信箱：guanshituo@163.com

彭庆艳，女，硕士，上海市城市建设设计研究总院（集团）有限公司，规划交通院副院长，高级工程师。电子信箱：pengqingyan@163.com

完整街道的历史街区品质交通规划实践

——以中央大街历史文化商业街区为例

鞠世广

【摘要】近年来，适应于城市快速扩张的"车本位"发展模式使得大量公共空间被小汽车通行和停车所占有，人的活动空间被侵占、挤压。在新常态下，回归人性化日益成为当今时代城市交通发展的共识，随着完整街道理念的提出，强调回归街道生活，塑造活力街区成为城市规划新的发展目标。本文对完整街道概念进行延伸，以中央大街历史街区品质交通规划为例，通过现状调查和手机信令数据分析区域特征，以强化历史街区风貌、打造高品质街区为着力点，从提升街道品质、搭建历史街区特色漫游路线、合理配置停车资源、优化公共交通体系、营造活力公共空间等五个维度，对完整街道理念在历史街区交通品质提升中的应用进行探索和实践。

【关键词】完整街道；历史街区；中央大街；品质交通

【作者简介】

鞠世广，男，哈尔滨市城乡规划设计研究院，工程师。电子信箱：350357012@qq.com

考虑摩托车通行需求的中小城市
道路整治对策研究

——以揭阳市揭阳大道为例

塔 建 胡劲松 刘 宏 钟 诚 罗 筱

【摘要】随着社会经济的快速发展，中小城市的交通拥堵问题日益凸显。与大城市不同的是，中小城市的道路不仅拥堵而且呈现建设标准偏低、道路品质较差、交通组织无序的特点，其中摩托车通行对其他交通的干扰尤为严重。显然禁止或限制摩托车出行并非车辆通行管理的最佳手段，适当地对交通设施进行微改造、优化交叉口设计才是有效的解决之道。本文以揭阳市揭阳大道为例，通过剖析道路现状存在的问题，从交通优化、绿化景观优化、设施优化、两侧空间优化等方面提出了道路整治对策，可为类似道路特别是中小城市的道路治理提供经验做法。

【关键词】中小城市；道路整治；摩托车等待区；交通微改造；品质交通

【作者简介】

塔建，男，硕士，广州市交通规划研究院。电子信箱：610027668@qq.com

胡劲松，男，硕士，广州市交通规划研究院，高级工程师。电子信箱：11326397@qq.com

刘宏，男，硕士，广州市交通规划研究院，高级工程师。电

子信箱：526954675@qq.com

钟诚，男，大专，广州市交通规划研究院。电子信箱：409381880@qq.com

罗筱，女，本科，广州市交通规划研究院。电子信箱：1114617443@qq.com

广州市黄埔区与中心城区快速通道规划研究

杜刚诚 赖武宁

【摘要】随着我国城镇化建设进程的深入推进，"强中心、多组团"的城镇空间格局已经成为一种典型，围绕强中心周边的功能组团，普遍面临着上层次规划不能准确反映地区内部交通诉求的困境。黄埔区是广州市经济发展的重要引擎，本文以该地区为例，通过"自下而上"与"自上而下"相结合地研究问题和制定策略，精准提出构建主辅结合的快速通道走廊串联广州市黄埔区和中心城区、以服务黄埔区为出发点规划新增高速公路出入口、规划新增过境通道以分流过境交通、增加南向通道以减少东西向绕行等交通发展策略，实现规划主体的转变。发展策略突破了传统，是在新时代城镇化发展的背景下对于城市组团如何加强与中心城区道路交通联系的探索和实践。

【关键词】中心城区；城市组团；快速通道；交通走廊；粤港澳大湾区；广深科技创新走廊

【作者简介】
杜刚诚，男，硕士，广州市交通规划研究院，高级工程师。电子信箱：405592366@qq.com
赖武宁，男，硕士，广州市交通规划研究院，工程师。电子信箱：469079844@qq.com

交通稳静化理念在交通规划中的
拓展应用实践

——以天津未来科技城京津合作
示范区交通规划为例

初红霞　张雅婷

【摘要】随着我国社会经济发展及城市化发展的不断深入，机动车交通为城市发展带来机遇的同时，其带来的交通事故、空气污染、居住环境恶化也已经成为影响城市宜居性的大问题，欧美国家交通稳静化在改善社区出行环境、抑制机动车出行方面发挥了较大作用。但以往交通稳静化更多是一种建成区的交通改善手段，交通稳静化如果能在规划阶段从交通供需角度出发，可以为创造好的地区交通品质提供前提条件和打下良好基础，因此对交通稳静化在交通规划中的拓展应用进行了初步研究。

【关键词】出行环境；交通稳静化；交通品质

【作者简介】

初红霞，女，硕士，天津市城市规划设计研究院，高级工程师。电子信箱：22014716@qq.com

张雅婷，女，硕士，天津市城市规划设计研究院，工程师。电子信箱：515022619@qq.com

城市智慧道路建设与思考

欧 舟 张 昕 徐 巍

【摘要】随着我国各地陆续开展智慧城市的建设，智慧道路作为智慧城市重要组成部分，受到了交通、交警、城管等城市管理多个部门的重视和关注。智慧道路的建设不仅提高政府各交通管理部门的管理效率，而且能为市民创造安全、舒适、高效出行环境，提升出行服务水平。本文阐述了智慧道路建设的总体架构及功能设计，并以深圳市侨香路为例，回顾思考侨香路智慧道路建设过程，以期为今后的智慧道路的设计及建设提供参考。

【关键词】智慧道路；智慧路灯；建设思考

【作者简介】

欧舟，男，硕士，深圳城市交通规划设计研究中心有限公司，工程师。电子信箱：43190979@qq.com

张昕，男，博士，深圳城市交通规划设计研究中心有限公司，教授级高级工程师。电子信箱：17443678@qq.com

徐巍，男，硕士，深圳城市交通规划设计研究中心有限公司，高级工程师。电子信箱：1411074018qq.com

项目来源：深圳市科技计划项目（No.JSGG20180504165907910）

新时期规划背景下城市道路
分类体系及方法刍议

王志玮　芮建秋　樊　钧　徐瑗瑗

【摘要】道路等级、分类划分体系是当前城市、交通规划中的重要环节，是城市交通网络及空间形态骨架构建的基础。本文从当前主流道路分类思想起源出发，对国内外城市道路分类体系标准进行了比较及审视，并提出对道路分类体系：①从人流、物流运输效能层面；②从细分专用化道路层面；③从城乡环境差异及地形影响层面；④从网络拓扑定量分析层面；⑤从速度差异化兼容性层面，进一步提出了道路分类的方法及建议，以期在当前规划发展转型关键时期，促进理性规划，推动传统工程化道路规划设计进一步向街道空间以及精细化设计的演进，促进交通—用地建设发展的一体化融合。

【关键词】城市道路；分类体系；技术方法

【作者简介】

王志玮，男，硕士，苏州规划设计研究院股份有限公司，交通所总工程师，高级城市规划师。电子信箱：davidzhiwei@163.com

芮建秋，男，硕士，苏州智能交通信息科技股份有限公司，董事长，工程师。电子信箱：ruijianqiu@163.com

樊钧，男，博士，苏州规划设计研究院股份有限公司，交通所所长，高级工程师。电子信箱：871946529@qq.com

徐瑗瑗，女，硕士，苏州规划设计研究院股份有限公司，市政交通事业部总工程师，高级工程师。电子信箱：12572034@qq.com

"完整街道"视角下的城市
街道设计导则编制

——《温州街道设计导则》要点综述

钱任飞 周昌标

【摘要】街道是与市民关系最为密切的公共活动场所,也是展现城市历史文化、生态景观、商业活力的重要空间载体。自2004年《伦敦街道设计导则》面世以来,全球的城市设计师开始逐步意识到街道在城市转型中的重要地位和作用。编制《温州街道设计导则》,对于温州"人性化"街道建设、构建多元街道价值体系具有重要的意义。《温州街道设计导则》借鉴了国内外先行城市的成功经验,结合温州地域特色,把握众多设计空间类别及设计要素,为温州城市街道提出了规划设计和建设实施的指引。

【关键词】街道;设计导则;以人为本;慢行交通

【作者简介】

钱任飞,男,硕士,温州市城市规划设计研究院,工程师。电子信箱:3217446803@qq.com

周昌标,男,本科,温州市城市规划设计研究院,高级工程师。电子信箱:11735397@qq.com

小城镇精细化街道设计探讨

——以东莞市魅力小城街道设计技术指引为例

狄德仕　曾　滢

【摘要】近40年来，我国城市化快速发展促进了城市道路规模大幅增长，而传统道路设计理念造成的诸多道路交通和空间品质问题也逐渐受到重视和引起反思。以上海、广州、北京等超大城市为代表，国内已逐渐涌现出一系列"以人为本"理念下的街道设计导则和指引。然而，相比于大城市，以小城镇为研究对象的成果则相对较少。本文从小城镇道路空间品质问题及成因分析着手，论述小城镇街道精细化设计技术体系的特点和工作定位，提出面向小城镇的街道设计理念和策略。以东莞市魅力小城街道设计技术指引为例，介绍其成果编制的总体构思、内容框架、主要创新点和实施效果，以此期望能够对国内小城镇交通设计技术体系和标准提供思路和经验借鉴。

【关键词】小城镇；以人为本；精细化；街道设计；空间品质

【作者简介】

狄德仕，男，硕士，广州市城市规划勘测设计研究院，工程师。电子信箱：864754976@qq.com

曾滢，男，博士，广州市城市规划勘测设计研究院，高级工程师。电子信箱：zyclear@126.com

天津共享街道规划思考

——以河南路为例

东　方　郭本峰　李　科

【摘要】良好的街道设计对于提升城市竞争力的重要性愈加明显，街道不仅有交通功能还承载了一座城市的历史底蕴、建筑特色及文化与交往，是社会安全与环境宜居的最直观的表达。人是街道的核心，鼓励人在街道的活动，让人们在街道获得更多的幸福感是规划师在新时代面临的挑战。本文以共享街道理论入手，对比共享街道与传统街道的异同，通过美国西雅图、英国伦敦及中国上海的实践经验总结出共享街道的设计要素，以天津市和平区河南路为研究对象，坚持人本位的规划理念，在有限的规划空间下采用共享街道模式提出街道改善方案，促进街道与环境共存共生。

【关键词】共享街道；公共空间；街道活力；慢行空间

【作者简介】

东方，女，硕士，天津市城市规划设计研究院，工程师。电子信箱：542168927@qq.com

郭本峰，男，硕士，天津市城市规划设计研究院，高级工程师。电子信箱：542168927@qq.com

李科，男，本科，天津市城市规划设计研究院，交通研究中心主任，高级工程师。电子信箱：542168927@qq.com

新城核心区实施"窄马路、密路网"的实践探讨

董斌杰

【摘要】"窄马路、密路网"理念提出已有多年,但在具体规划实施过程中,仍面临很多挑战。本研究着眼于新城核心区,提出应根据不同业态需求切分地块,并明确密路网仅是"形",活力街道的打造才是"窄马路、密路网"的神。研究应用完整街道设计理念,从道路功能级配、道路红线内外统筹、街墙设计、街道家具设计、交通稳静化设计等方面,提出了应用"窄马路、密路网"理念的设计方法。在"窄马路、密路网"设计实施方面,就少退线与城市规划管理技术规定要求的出入、窄马路下如何满足消防管理技术规定的要求以及短间距交叉口的交通组织等常见问题,提出了应对思路。

【关键词】窄马路;密路网;退线;完整街道;短间距交叉口

【作者简介】

董斌杰,男,硕士,中铁咨询集团北京建筑规划设计有限公司,交通规划所副所长,规划师。电子信箱:dongbinjie@163.com

基于海绵城市理念的城市道路横断面研究

贾海亮　孙　坚　纪书锦

【摘要】海绵城市是一种从源头实现雨水控制和利用的城市开发和建设理念，海绵型道路作为海绵城市建设的重要组成部分，能够有效缓解城市内涝，净化雨水，减少面源污染，提升雨水资源化利用。本文在充分研究各类 LID 设施应用效果和适用范围的基础上，在道路红线规划阶段提出海绵型道路的建设目标；以道路年径流控制率为依据，在满足城市道路交通功能前提下，优化道路横断面规划方案，提出不同道路红线宽度下海绵型道路典型横断面。

【关键词】低影响开发；海绵型道路；道路横断面

【作者简介】

贾海亮，男，硕士，镇江市规划设计研究院，工程师。电子信箱：807869326@qq.com

孙坚，男，本科，镇江市规划设计研究院，工程师。电子信箱：303877833@qq.com

纪书锦，男，本科，镇江市规划设计研究院，高级工程师。电子信箱：467330317qq.com

城市成熟片区生活化街道空间优化研究

冯红霞　秦棚超　宋成豪

【摘要】生活化街道是城市公共活动的重要场所，城市成熟片区生活化的街道反映了传统的历史肌理和典型的窄路密网的格局。本文针对西安市老城区生活化街道空间使用调查情况，分析现有街道空间使用中存在的不足，总结不同类型街道空间的交通特点和空间功能需求，遵循以人为本理念，从精细划分街道空间类型出发，以安全、绿色、品质为导向，提出生活化街道空间更新措施及典型街道空间组织模式。

【关键词】街道空间；生活化街道；以人为本；老城区

【作者简介】

冯红霞，女，博士，西安建大城市规划设计研究院，高级工程师。电子信箱：83658332@qq.com

秦棚超，男，在读硕士，西安建筑科技大学。电子信箱：1007674800@qq.com

宋成豪，男，硕士，西安建大城市规划设计研究院，工程师。电子信箱：307455009@qq.com

项目来源：国家重点研发计划资助"城市新区规划设计优化技术"（项目编号：2018YFC0704600）

历史街区交通品质提升

——以武汉慢行示范区为例

高 嵩 汪 敏 韩丽飞 宋同阳

【摘要】历史街区作为城市形象和底蕴的体现，具有发展绿行交通、实现交通品质提升的先天优势和强烈诉求，以其为样板和示范进行出行环境整治具有带动全域交通品质提升的效果。本文以武汉市汉口租界历史街区为例，结合现状调研和大数据分析，采取慢行空间"只增不减"、机动车空间"只减不增"的发展策略，通过分别对机动车、步行、自行车系统构架进行分析，提出街道综合属性概念，判别各条街道主导功能，作为道路断面空间分配的科学依据，促进区域整体交通效能最大化，并提出具体的街道环境改善标准，在实际的示范工程改造方案中加以运用，以推进项目落地实施。

【关键词】历史街区；慢行；交通品质；路权分配；综合属性

【作者简介】

高嵩，男，硕士，武汉市交通发展战略研究院，工程师。电子信箱：gsgshhhh@vip.qq.com

汪敏，男，本科，武汉市交通发展战略研究院，高级工程师。电子信箱：44003915@qq.com

韩丽飞，男，硕士，武汉市交通发展战略研究院，工程师。电子信箱：516916102@qq.com

宋同阳，男，硕士，武汉市交通发展战略研究院，工程师。
电子信箱：754763864@qq.com

基于小尺度街区的道路规划设计

陈宗军　唐婉琪　刘　君

【摘要】在小尺度街区构建的大背景下，如何在微观操作层面进行具体的道路设计是值得深入探讨的课题。本文首先解读了小尺度街区构建的要求，阐述了其建设的意义与必要性。其次，从节约土地利用的角度出发，对道路间距、道路宽度、建筑退线距离以及缘石转弯半径与土地利用效率之间的关系进行了多情景的定量分析比较，评估了不同因素的影响程度，明确了小尺度街区构建的关键控制要素。在此指导下，结合具体项目，针对控制要素进行了小街区密路网的规划设计实践。

【关键词】小尺度街区；密路网；道路间距；建筑退线

【作者简介】

陈宗军，男，硕士，江苏省城市规划设计研究院，高级工程师。电子信箱：chelly1982@163.com

唐婉琪，女，本科，银川市规划编制研究中心，工程师。电子信箱：516880713@qq.com

刘君，女，本科，银川市规划编制研究中心，工程师。电子信箱：czjun97@21cn.com

超大城市地下道路高品质
发展策略探索

【摘要】近年来城市地下道路得到了广泛的应用。目前地下道路尚存在发展策略不明确、重建设轻评估、系统统筹不足、品质参差不齐等问题。本文通过对国内外地下道路功能类型、发展特征的分析，从交通改系统、空间规划、实施影响的视角探索我国超大城市地下道路可持续发展的策略，并提出高品质规划设计技术框架，以期推动地下道路与城市空间融合、支撑和引导城市由粗放型发展向品质化精细化发展转变。

【关键词】地下道路；城市品质；可持续发展；地下空间

【作者简介】

张正军，女，本科，深圳市规划国土发展研究中心，高级工程师。电子信箱：402174240@qq.com

邓琪，男，硕士，深圳市规划国土发展研究中心，副总规划师，高级工程师。电子信箱：5700274@qq.com

西安市"城市道路控制性
详细规划"实践

任　欢　孙燕平

【摘要】西安市"道路控制性详细规划"编制工作衍生于2017年西安市政府提出的"品质西安"建设，以城市道路规划建设为切入点，针对目前道路规划体系中，综合交通规划与道路工程设计中存在规划断层的情况，通过借鉴"城市控制性详细规划的"的模式与指标分类，从规划导向的角度，提出"道路控制性详细规划"的基本内涵与实践内容，通过"关注对象"以及"设计方案"两方面的转变，厘清"道路控规"基本要素——道路交通、公共设施、道路景观以及市政管线，最终形成刚性指标与弹性指标。在落实上位规划的基础上，指导下层工程设计，使道路交通回归人本的价值取向，弥补原本规划空白，匹配城市规划建设管理方式，以期能为国内其他城市推广"道路控制性详细规划"提供可借鉴的经验。

【关键词】规划理念；道路空间；控制要素；精细化；刚性指标；弹性指标

【作者简介】

任欢，女，硕士，西安市城市规划设计研究院，工程师。电子信箱：308678500@qq.com

孙燕平，女，硕士，西安市城市规划设计研究院，道路所所长，高级规划师。电子信箱：renhuan125@126.com

从道路到"城市走廊"：浅议品质街道建设策略

尹宇辰　　高天雅

【摘要】自 20 世纪初以来，"车本位"的观念使得街道沦为了一种线性交通空间，逐渐失去了供人们交往的场所空间意义。随着城市街道问题的激增，学者们开始结合"以人为本"的理念鼓励人们"重返街道"。文章尝试将城市看作一个建筑体，居住区为"城市房间"，并将街道视为"城市走廊"，让城市与街道变得像家一样温馨而舒适。通过分析街道的演变、国内街道的主要问题，梳理品质街道的要义，并从街道设计导则制定、文化、交通、活力、弹性空间的营造，管理与实施等角度去阐述国内品质街道的建设策略。

【关键词】"城市走廊"；街道品质；以人为本

【作者简介】

尹宇辰，男，在读硕士，合肥工业大学。电子信箱：1542521009@qq.com

高天雅，女，在读硕士，合肥工业大学。电子信箱：424083416@qq.com

基于不同仿真方案的胡同智慧
路灯偏好研究

熊　文　阎吉豪　朱金城　赵浩哲

【摘要】智慧路灯具有尺度大、模块多、外观复杂等特征，囿于仿真方案比选缺乏，北京副中心出现了部分尺度过大、密度过大、颜色过深的智慧路灯，引发较大争议。在尺度狭小、风貌独特、文脉深厚的历史胡同，智慧路灯形式选择尤应慎重且需要广泛征求民意。论文综述了国内外街道公众参与、环境偏好调查及 VR 与 AR 评价应用成果，设计并组织了北京杨梅竹斜街智慧路灯市民偏好调查。将市民划分为居民组、游客组、网民组三种类型，针对四款智慧路灯分别建立了简单平面、环境效果、VR 多角度、AR 真视场四类智慧路灯仿真模型，于三类特定场景进行了市民偏好调查。研究表明，设计师反响较差的古典宫灯方案却受到了居民与游客的普遍欢迎。居民组与游客组对于智慧路灯功能的需求显著不同，前者更偏好于街道监控、广播与照明本身，后者更在乎附加服务如 wifi、智能照明、手机充电与报警功能。较之传统仿真方案，AR 与 VR 调查方案更加贴近居民需求，VR 的场景体验感与居民参与度最佳，AR 对单点方案展示更加精细真实。

【关键词】公众参与；智慧路灯；选型；VR 技术；AR 技术

【作者简介】

熊文，男，博士，北京工业大学，建筑与城市规划学院副院

长，副教授。电子信箱：xwart@xwart@126.com

阎吉豪，男，在读硕士，北京工业大学。电子信箱：540068798@qq.com

朱金城，男，在读硕士，北京工业大学。电子信箱：1364136968@qq.com

赵浩哲，男，在读硕士，北京工业大学。电子信箱：772461455@qq.com

项目来源：国家社科基金重点项目《中国式街道人本观测与治理研究》（17AGL028）

05 公共交通

基于便捷度的武汉市轨道线网评价优化

施忠伟 吴 啸

【摘要】2010 年以后，武汉轨道交通迅猛发展，极大促进了武汉经济社会的发展，改善了城市的交通状况。三镇正式互联互通，轨道交通线网基本形成了网络化结构的初步框架。在新一轮城市总体规划的背景下，为适应未来城市发展需求的轨道发展框架，武汉市须进一步优化轨道线网方案。本研究以 2014 版轨道线网修编方案为基础，划分为已建（含在建）与未建两部分。总结了武汉轨道发展的四个阶段，评价已建线网存在均衡性、覆盖率、站点布局与建设模式等方面的问题；基于最短路径算法，提出重点通过便捷度指标法评价轨道规划线网，评价整体方案中心与中心、中心与枢纽、枢纽与枢纽之间的轨道联系便捷程度，得出目前线网规划对未来城市发展支撑不足；提出了加固主要轴向、增加中心联系、优化站点设置等方面的建议与优化方案。以便捷度指标的分析思路，对类似城市轨道线网评价具有指导借鉴意义。研究分析结论已纳入正在开展的《武汉市轨道线网修编（2017—2035 年）》中。

【关键词】交通规划；轨道线网；便捷度；最短路径；评价优化

【作者简介】
施忠伟，男，硕士，武汉市规划研究院，规划师。电子信

箱：94300491@qq.com

　　吴啸，女，硕士，武汉市规划研究院，工程师。电子信箱：583981627@qq.com

无桩公共自行车接驳轨道交通
使用特征研究

蒋　源　李　星

【摘要】研究基于上海市杨浦区无桩公共自行车骑行数据，从接驳车辆取还时段分布、骑行特征两方面，分析无桩公共自行车接驳轨道交通的使用特征。并以轨道站点作为研究单元，分析早晚高峰接驳无桩公共自行车的使用差异，根据无桩公共自行车接驳轨道交通的起讫点分布情况，分析了各类用地的接驳范围和接驳比例。最后，对上海市杨浦区接驳骑行路径进行品质提升和优化重要度分析。为后续开展轨道站点周边慢行换乘设施规划及品质优化提供研究依据以及实践指导。

【关键词】轨道交通接驳；无桩公共自行车；使用特征分析；上海市杨浦区

【作者简介】

蒋源，男，硕士，成都市规划设计研究院，助理工程师。电子信箱：nojiangpai@163.com

李星，男，硕士，成都市规划设计研究院，规划四所副所长，高级工程师。电子信箱：Emillee20032003@yahoo.com.cn

公交专用道系统评估研究及应用

——以青岛市为例

宫晓刚　　王伟智　　刘春荣

【摘要】建设公交专用道是保障公交路权优先、提升公交运行速度的重要措施，连续的公交专用道网络可有效提高公交的运行效率，对提升公交系统竞争力有重要作用。由于公交专用道是一个开放性系统，其运行极易受到外界因素的影响，应建立公交专用道系统评估机制，为实施方案的优化调整提供依据。本文基于百度地图、公交车辆 GPS 和 IC 卡等数据，从布局和运行两方面对公交专用道网络进行分析，提出了公交专用道的连贯性、线路集中度、人口岗位覆盖率、客流量、车流量、运行速度等 6 个评价指标。对青岛市公交专用道系统进行了评估，分析了公交专用道的设置条件，提出了青岛市公交专用道设置的一般标准。

【关键词】公共交通；公交专用道；评价指标；设置条件

【作者简介】

宫晓刚，男，硕士，青岛市城市规划设计研究院，工程师。电子信箱：15192650325@163.com

王伟智，男，硕士，青岛市城市规划设计研究院，工程师。电子信箱：qdjtyjzx@vip.163.com

刘春荣，女，硕士，青岛市市政工程设计研究院有限责任公司，工程师。电子信箱：550695730@qq.com

南京都市圈轨道交通体系研究

凌小静

【摘要】对标国际成熟大都市圈，合理划分南京都市圈交通圈层，完善南京都市圈轨道交通体系，提升省会城市首位度，建设国家中心城市。分析研究高速铁路、城际铁路、普速铁路、市域（郊）轨道（铁路）、城市轨道等的功能定位、服务范围和互相衔接关系，明确南京都市圈轨道交通的发展模式和建设标准。

【关键词】都市圈；通勤圈；城际铁路；市郊快线；地铁

【作者简介】

凌小静，男，硕士，中咨城建设计有限公司南京分公司，高级工程师。电子信箱：16788952@qq.com

基于两网融合的上海地面公交
线网重构研究

喻军皓　李　彬

【摘要】为改变上海现有地面公交线网"小修小补"的传统调整模式，立足全局、系统考虑、整体重构公交线网，以合理满足居民出行需求、降本增效，本文分析了轨道交通与地面公交两网融合存在的主要问题，结合轨道交通网络发展，提出了公交线网重构目标策略。并基于上海公交模型，提出了全市骨干公交通道方案以及中心城、主城片区、城镇圈的分区公交线网重构模式。

【关键词】轨道交通；地面公交；两网融合；线网重构

【作者简介】

喻军皓，男，硕士，上海市交通港航发展研究中心，交通规划研究所副总工程师，高级工程师。电子信箱：734676185@qq.com

李彬，男，博士，上海市交通港航发展研究中心，副主任，高级工程师。电子信箱：13621928160@163.com

国内有轨电车发展特征与对策建议

黎冬平

【摘要】本文在总结有轨电车发展现状的基础上，梳理分析了有轨电车在客流运营、线路建设、车辆设备等发展特征，分析认为有轨电车客流呈稳步增长趋势，但负荷强度总体不高，多样化、复合性和网络化的应用趋势明显，车辆国产化逐步成熟，机电系统呈一体化发展趋势，并提出了国内有轨电车发展应完善标准法规、理顺投资运营模式、统一公交优先政策、提高运营公司经营能力等对策建议，为推进有轨电车在国内的可持续发展提供了建议。

【关键词】有轨电车；发展特征；对策建议；可持续发展

【作者简介】

黎冬平，男，博士，上海市城市建设设计研究总院（集团）有限公司，轨道院副总工程师，高级工程师。电子信箱：lidongping@sucdri.com

项目来源：上海市青年科技启明星计划（16QB1403000）；上海市城乡建设交通优秀人才专项资金资助

公交枢纽建设后评价研究

——以上海浦东新区为例

刘　莹　王显璞　汪　洋

【摘要】后评估是工程项目的重要环节之一，其目的是为了评价项目实施后的运行效果是否达到预期目标、存在的差异及原因，从而为后续项目的建设实施提供反馈和依据。将项目后评价理论引入城市公交枢纽研究，探讨公交枢纽后评价的思路和方法，提出从枢纽建设目标、枢纽设计方案、枢纽实施过程、枢纽运营效果、枢纽管理水平和枢纽可持续性六个方面进行综合评估，构建公交枢纽后评价指标体系。本文以上海浦东新区公交枢纽为例，运用后评价指标体系进行综合评价，识别已建枢纽在规划、设计、建设、运营和管理等方面存在的问题及成因，并从枢纽功能定位、换乘模式、建设模式、更新改造、运营组织等方面提出发展建议，为今后公交枢纽的规划建设提供借鉴。

【关键词】交通规划；公交枢纽；后评价；指标体系；上海浦东新区

【作者简介】

刘莹，女，硕士，上海璞辉交通咨询有限公司，高级工程师。电子信箱：357769564@qq.com

王显璞，男，博士，上海璞辉交通咨询有限公司，高级工程师。电子信箱：357769564@qq.com

汪洋，男，硕士，上海璞辉交通咨询有限公司，高级工程师。电子信箱：357769564@qq.com

基于大数据的珠海市公共交通系统可达性研究

吴　璠

【摘要】20 世纪 70 年代以来，交通规划和研究逐渐从单纯地关注机动性转向更多地关注可达性，有不少研究提出以定量化的指标来衡量可达性并应用于交通规划当中。本研究以珠海市为例，介绍了利用真实数据对公共交通系统可达性进行分析的方法，并根据分析结果对珠海市公共交通系统进行了评估。对珠海市的分析表明，其公共交通可达性较高的区域主要集中在发展较为成熟的主城区，在其未来计划发展的区域还存在公共交通服务不足。与其他类似的相关研究相比，本次研究所使用的为现实世界的性能数据，可以更好地描述实际的公共交通服务。随着大数据及其分析方法的普及应用，本研究所展示的分析方法将可以较为容易地运用到其他城市和地区，为评估和改善公共交通服务提供参考和建议。

【关键词】公共交通；可达性；珠海；大数据

【作者简介】
吴璠，男，硕士，珠海市规划设计研究院，工程师。电子信箱：fanw86@gmail.com

大中城市有轨电车系统规划方法

刘 勇

【摘要】有轨电车审批流程简单、工程造价低、建设周期短等技术经济特征重新受到政府和市场的青睐，但由于缺乏系统规划方法的指引，先工程后规划，产业主导规划、类轨道系统规划等现象层出不穷，严重制约了有轨电车系统功能的发挥。通过对国内有轨电车现状问题的剖析，结合系统制式特点，从系统协同和品质构建的维度提出大中城市有轨电车系统的功能定位分析和网络规划方法，并提出线路通道敷设要求和一体化衔接建议，为大中城市有轨电车规划建设提供参考。

【关键词】大中城市；有轨电车；系统规划；一体化衔接

【作者简介】

刘勇，男，硕士，长沙市规划勘测设计研究院，工程师。电子信箱：136820453@qq.com

开源数据视角下的广州市
公共交通可达性研究

张海林

【摘要】为剖析广州市公共交通可达性现状特征，本文基于全市公共交通线路、站点及时效圈数据，以 45 分钟可达范围为评价指标，对市域及重点片区公共交通可达性进行分析，并探讨可达性与公共交通设施密度关系。结果表明：①全市公共交通可达性水平可划分为 3 个等级，从主城区往外逐渐降低，荔湾区、越秀区、海珠区和天河区可达性最好，南沙区、增城区和从化区可达性最低，总体呈现"一核多点"的空间格局；②超过 80%的重点区域公共交通可达范围要高于全市平均值，侧面反映出广州市重点片区交通设施建设所取得的成效，但不同片区差异也较为明显，外围片区公共交通可达性仍有待提升；③公交线路对公共交通可达性的影响是公交站点的 1.7 倍，地铁站点的有效影响范围约 1200 米。最后提出了广州市公共交通可达性改善建议。

【关键词】交通可达性；公共交通；时效圈；开源数据；广州市

【作者简介】

张海林，男，硕士，广州市城市规划勘测设计研究院，工程师。电子信箱：731061768@qq.com

寒冷地区公交乘客出行特征与满意度影响因素研究

——以哈尔滨为例

张　路　白仕砚　王　仲　罗煦夕

【摘要】在城市交通问题日益凸显的今天，大力发展公共交通、提升公共交通系统的分担率已成为从中央到地方的普遍共识。但是，在寒冷地区，且由于天气原因，乘客对乘车的安全性及舒适性往往提出更高的要求，加上公交发展与城市化进程不相匹配，导致公交乘客流失以及公交分担率下降。因此，研究寒冷地区公交乘客的出行特征及满意度的影响因素具有重要的现实意义。本文基于对哈尔滨公交出行的满意度调查，以哈尔滨为例分析了公交出行现状并通过建立多元线性回归模型分析寒冷地区公交乘客出行特征与满意度的影响因素。研究表明在寒冷地区影响公交出行行为的因素主要为年龄，影响乘客对公交系统满意度的主要因素有乘客的出行次数、性别、家庭拥有小汽车数量等因素。研究结果也反映出寒冷地区应通过优化公交时刻表及发车间隔、优化公交线网和站点、设立封闭供暖的站台、建立和完善公交信息服务系统、发展智能公共交通等措施来提高寒冷地区公共的服务水平和吸引力。

【关键词】寒冷地区；公共交通；乘客满意度；回归模型

【作者简介】

张路，男，硕士，大连理工大学交通运输学院，讲师。电子信箱：363097485@mail.dlut.edu.cn

白仕砚，男，本科，哈尔滨市城乡规划设计研究院，副总工程师，高级工程师。电子信箱：13945076088

王仲，男，博士，大连理工大学交通运输学院，副院长，教授。电子信箱：zwang@dlut.edu.cn

罗煦夕，男，本科，哈尔滨市市政工程设计院，工程师。电子信箱：706063079@qq.com

基于出行链的旅游轨道交通
发展模式研究

——以上饶市为例

程　婕

【摘要】"十三五"期间，我国旅游业发展势头强劲，新时代对其提出了更高质量的发展要求。相对而言交通运输基础设施成为难以满足旅游发展需求的短板问题，基于此旅游轨道交通受到了广泛关注，需要创新发展思路和途径。将旅游出行链细分为城际、区域、景区环节，分析了各环节的游客出行需求特征以及旅游轨道在各个出行链环节的功能定位，提出旅游轨道交通在不同出行链环节应当采取相应的发展策略，并以上饶市为例开展旅游轨道规划研究，对于以轨道交通形式补强旅游基础处设施短板提出了可实施性的建议。

【关键词】旅游轨道交通；旅游出行链；功能定位；交通发展模式

【作者简介】

程婕，女，博士，中铁工程设计咨询集团有限公司，高级工程师。电子信箱：cj1015@126.com

基于智慧交通的公交优先
策略博弈分析

狄　迪

【摘要】本文在解析智慧交通内涵的基础上，提出基于智慧交通的公交优先策略的理念与实施措施。根据这一机理研究成果，基于博弈论的思想，通过综合考虑出行者、公交企业及政府三个主要参与方的投入与收益，建立了符合综合效益最优的博弈分析模型。之后，以上海市虹口北外滩地区为研究区域，建立基于 SP 调查的多情景模式，通过问卷调查获取相关数据、进行算例分析，在验证模型有效性的同时，量化分析与比较了不同公交优先策略的效益及差异。研究表明基于智慧交通的公交优先策略的实际效果远优于常规公交优先策略，为未来城市公共交通体系的优化提供新的思路和方法。

【关键词】智慧交通；公交优先；博弈；情景分析

【作者简介】

狄迪，男，博士，上海市城市建设设计研究总院（集团）有限公司，城市公共交通研发中心，工程师。电子信箱：didi02121226@163.com

城市轨道交通乘客满意度
测评方法研究

周溶伟

【摘要】新时代，我国交通运输行业已步入增质提效阶段，轨道运营企业需从乘客体验角度出发，提升运营服务质量。本文借鉴国内外城市轨道交通满意度测评经验，构建轨道交通乘客满意度评价指标体系，结合层次分析法与因子分析法赋值指标权重，基于不同种类轨道交通方式，测评乘客轨道出行满意度，创新引入运营服务关键指标测评和轨道站点沿线公交站点乘客调查，客观评价轨道交通运营服务的真实水平。以深圳为例，轨道交通乘客满意度较 2017 年结果略有降低，站车秩序、车站服务设施、安检服务以及进出站过程是乘客相较不满意的服务指标。

【关键词】轨道交通；服务指标体系；因子分析法；乘客满意度

【作者简介】

周溶伟，男，硕士，深圳市城市交通规划设计研究中心有限公司，助理工程师。电子信箱：zhourw@sutpc.com

公交专用道规划策略研究

——以北横通道为例

张开盛

【摘要】为科学合理地规划城市公交专用道，本文以上海市北横通道为例进行了规划策略研究。通过现场调研与问卷发放统计了通道沿线公交平均运行车速、高峰客流特征及乘客出行目的。以大数据为支撑，基于公交 IC 卡记录提取通道内公交客流OD 及站点上、下客流量，剖析了居民出行特征及公交需求时空分布，证明公交专用道设置必要性。基于现有规范解读及国内开通的公交专用道案例分析，量化论证路侧式公交专用道比路中式更适用于研究对象。最后，利用 VISSIM 及 Synchro 微观仿真模型验证了公交专用道开通前后路段公交运行效率提升，对交叉口的负面影响处于合理范围，克服了以往公交专用道规划对客流特征论证的不充分、对规范的定性解读，以及对道路影响的验证不足。本研究提出的理论框架可为交通管理部门科学合理地布设公交专用道提供依据。

【关键词】公交专用道；路侧式；大数据；微观仿真

【作者简介】

张开盛，男，硕士，上海市城市建设设计研究总院（集团）有限公司，助理工程师。电子信箱：zhangkssjtu@163.com

基于大站快车的城市公交线路组合服务模式优化方法

周子玙

【摘要】为了满足日益增长的出行需求，公交运营管理部门通过提供大站快车和全程车的组合运营模式来提升公交服务水平。本文以最小化乘客出行时间成本和公交运营成本为目标，建立了基于大站快车的公交线路组合服务优化模型。在考虑车队规模与车辆运力约束的前提下，使用 BNL（Binary-nominal LOGIT Model）模型预测客流需求，使用遗传算法寻找快车停靠站点与线路组合发车频率的最优解。以成都市公交 3 路早高峰时段的客流数据为例验证模型，得到优化的公交线路组合服务方案。通过敏感度分析，研究乘客单位时间价值、公交运营成本单价、公交车辆容量、客流量等因素变化对各项成本和组合发车频率的影响。结果表明，本文建立的大站快车停站与组合发车频率优化模型，能够节省乘客出行成本、公交运营成本，并提升公交服务水平。

【关键词】大站快车；BNL 模型；遗传算法；成本

【作者简介】

周子玙，男，硕士，南京市城市与交通规划设计研究院股份有限公司，助理工程师。电子信箱：ozzy.chow@foxmail.com

小尺度街区下现代有轨电车
规划设计要点探讨

章　燕　施玉芬

【摘要】城市道路是现代有轨电车的重要依托，小尺度街区下城市路网体系、用地布局模式都将发生较大变化，对现代有轨电车的通道选择、路权分配、通行保障、站点设置也有较大影响。本文研判了小尺度街区下现代有轨电车面临的四大问题，并以南京市麒麟有轨电车 2 号线为例，以问题为导向，逐一阐述小尺度街区下现代有轨电车规划设计的要点。

【关键词】小尺度街区；现代有轨电车；设计要点；

【作者简介】

章燕，女，本科，江苏省城市规划设计研究院，高级工程师。电子信箱：327265901@qq.com

施玉芬，女，硕士，江苏纬信工程咨询有限公司，工程师。电子信箱：912273110@qq.com

常规公交线网车型结构优化配置模型

王 东

【摘要】常规公交实际运营中，往往存在多条线路共用同一个始发站的情况，而不同公交线路的客流在时间分布上往往存在差异性，单独地对每条公交线路进行调度可能会在一定程度上造成资源浪费。如果对共用同一始发站的所有公交线路进行统一调度，不同的线路之间往往能够相互补充，同时通过设置合理的车型结构，可以更好地减少资源浪费。因此文章提出了一种新的常规公交线网车型结构优化配置模型。根据公交系统的公交服务质量、公交公司成本之差为目标函数，建立了常规公交系统车型结构优化配置模型。并通过 Matlab 进行了实例验证，证明该模型能够有效降低公交系统运营成本同时提高公交服务水平。

【关键词】常规公交；公交公司成本；公交服务水平；车型结构优化配置

【作者简介】
王东，男，硕士，深圳市城市交通规划设计研究中心有限公司，工程师。电子信箱：darrenci2011@163.com

城市轨道交通换乘候车时间
最优化方法研究

卫星佩　吴　桐

【摘要】随着城市轨道线网的扩展，换乘客流量在线网客流总量中比重日渐增加，提高乘客换乘效率有对于缩短出行时间、改善出行品质、提高轨道交通的分担率具有重要意义。文章以系统换乘等待时间为目标函数，以单位小时内列车组发车时刻为自变量；基于城市轨道交通准时性特点，结合"时空推移运算"思想进行列车衔接匹配，构建换乘线路行车计划优化模型，以模型优化结论为依据进行列车运行计划的调整。以深圳地铁 1（罗宝线）、2（蛇口线）、4（龙华线）号线运行现状为算例，结合遗传算法求解，验证了衔接优化模型的有效性以及应用于城市轨道线网的普适性。

【关键词】换乘效率；列车衔接；行车计划；遗传算法

【作者简介】

卫星佩，男，硕士，深圳市城市交通规划设计研究中心有限公司，助理工程师。电子信箱：328436143@qq.com

吴桐，男，硕士，深圳市城市交通规划设计研究中心有限公司，助理工程师。电子信箱：729123501@qq.com

老城保护与公交场站功能协调研究

孔令铮　魏　贺　林　静　饶宗皓

【摘要】核心区是北京历史文化名城保护的重点地区，也是改善人居环境、创建首善交通的示范区。本文基于公交客运量、公交场站、公交线路运行的相关数据，分析北京核心区地面公交的现状问题，针对轨道交通投资大、建设量大、覆盖率提高有限的情况，提出构建地面公交和轨道交通并重的公共交通系统，提出"线网改革、高效运行""功能明确、保障有序""合理外迁、优化布局""用地复合、提升改造"的规划原则与策略。最后以马圈、西绒线公交场站规划理念和方案为例，提出老城保护与公交场站协调共生的路径。

【关键词】老城保护；地面公交；规划策略；复合利用

【作者简介】

孔令铮，女，硕士，北京市城市规划设计研究院，工程师。电子信箱：konglingzheng@126.com

魏贺，男，硕士，北京市城市规划设计研究院，工程师。电子信箱：114866050@qq.com

林静，女，硕士，北京市城市规划设计研究院，高级工程师。电子信箱：sensetree@163.com

饶宗皓，男，硕士，交通运输部规划研究院，工程师。电子信箱：rzh1105@163.com

中小运量轨道交通系统
各制式适用性浅析

——以罗湖区北部为例

田时杉

【摘要】为了探讨中小运量轨道交通系统在国内的应用前景，有必要对其各制式的适用性进行论证。本文以深圳市罗湖区北部为例，根据对有轨电车系统、轻轨系统和单轨系统等各制式的技术参数、运能及需求匹配性、工程条件、建设运营成本、与其他交通方式的衔接以及审批程序和政策等因素依次进行总结，分析各制式在该片区的适用性。

【关键词】中小运量轨道系统；制式分析；适用性分析

【作者简介】

田时杉，男，硕士，深圳市城市交通规划设计研究中心有限公司，助理工程师。电子信箱：501397166@qq.com

基于线网结构的广州城市
轨道网络效率评估

徐士伟　莫　琼　叶树峰

【摘要】轨道线网作为网络本身的结构特征对整体效率有着最基本的影响。为有效评估受网络结构影响广州市轨道线网效率，本文用纯几何的工具，构建了线网规模、线网层级、线路形态及分布、网络通达性、环线编织质量等线网结构评价指标体系，以此评估了广州市现状和 2023 年建成轨道网络效率，从加大线网规模、丰富网络级配、完善环线结构等方面提出了建议，为广州市新一轮轨道线网规划修编提供了参考。

【关键词】城市轨道交通；线网结构；网络效率；评估

【作者简介】

徐士伟，男，硕士，广州市交通规划研究院，教授级高级工程师。电子信箱：390353624@qq.com

莫琼，女，硕士，广州市交通规划研究院。电子信箱：996416220@qq.com

叶树峰，男，硕士，广州市交通规划研究院，工程师。电子信箱：494221526@qq.com

常规公交发展态势研究与思考

——以广州市为例

黄启乐

【摘要】本研究从供给和需求两个方面，通过横向对比和纵向对比分析了常规公交的发展现状，发现近几年常规公交发展进入了瓶颈期，虽然设施供给规模在不断增长，但是运量却不断下降，并从内因和外因两个角度分析常规公交运量近年来连续下降的原因。通过对广州常规公交发展态势的研判，发现了广州常规公交运量有回升的势头并分析其可能的原因。最后针对当前的新发展形势，提出常规公交的发展策略是重新明确自身定位，提高服务品质。

【关键词】公共交通；常规公交；发展态势

【作者简介】

黄启乐，男，硕士，广州市交通规划研究院，工程师。电子信箱：395016453@qq.com

国际大城市轨道交通系统夜间运营经验与启示

李　磊　金　安　陈先龙

【摘要】城市轨道交通夜间运营服务对提升城市公共交通服务水平效果显著，但也对其运行组织和维护保养提出了挑战。本文从社会经济、人口密度以及公共交通出行特征等方面介绍了提供轨道交通夜间运营服务城市的基本特点，并重点对夜间运营模式、夜间运行线路特点和发车间隔等特征进行归纳总结，提出了开行轨道交通夜间运营服务的基本适用条件。以广州市为例，分析了城市轨道交通线路的基本情况，结合国外夜间运行线路的特点，提出了可开行夜间运营线路建议，并提出了相关保障措施建议。

【关键词】轨道交通；夜间运营；运营模式；城市特征

【作者简介】

李磊，男，硕士，广州市交通规划研究院。电子信箱：2386974497@qq.com

金安，男，硕士，广州市交通规划研究院，教授级高级工程师。电子信箱：604757660@qq.com

陈先龙，男，硕士，广州市交通规划研究院，教授级高级工程师。电子信箱：314059@qq.com

高频公交线路运行区间重叠下乘客上车选择行为研究

姜　楠

【摘要】随着我国城市化进程的不断推进，交通拥堵成为城市发展的主要问题，而优先发展公共交通被认为是解决城市交通问题、保持城市可持续发展的必由之路。近年来，随着公共交通的快速发展，地面公交系统逐渐形成了线路多、发车频率高等显著特征，在公交客流集中的区域，将不可避免地出现多条发车频率较高的线路运行区间重叠的情况。研究区间重叠下的乘客上车选择行为，通过数据调研，利用 Logistic 回归原理，建立重叠区间下乘客上车选择模型，对公交调度和公交时刻表的制定起一定的参考作用。

【关键词】公交调度；区间重叠；乘客行为；logistic

【作者简介】

姜楠，男，硕士，深圳城市交通规划设计研究中心有限公司，助理工程师。电子信箱：jiangnan_hit@163.com

我国有轨电车发展的总结、反思与迈进

陈海伟　巫瑶敏

【摘要】有轨电车从兴起走向衰落，经技术变革和升级改造后，以节能环保、安全舒适、投资较低、建造较快等优势而复兴，其规划建设和应用推广方兴未艾。但当前有轨电车在我国的发展暴露出诸如功能定位模糊、规划建设盲目、运营效益欠佳、审批制度不全、技术标准多样等问题。如何诊断症结、补全短板、规避风险、精准发力，推动有轨电车的高质量发展，值得探究。本文通过对我国有轨电车的发展进行全面总结和深刻反思，提出应从城市综合交通全局出发，明确有轨电车的功能定位；以客流需求和运营效益为导向，因地制宜规划建设有轨电车；融合城市景观和环境设计，提升有轨电车的服务品质；完善建设审批制度和技术标准体系，加强有轨电车的规建管控；推动"有轨"向"智轨"迈进，促进有轨电车可持续发展。

【关键词】有轨电车；规划建设；运营管理；审批制度

【作者简介】

陈海伟，男，硕士，广州市交通规划研究院，工程师。电子信箱：302705147@qq.com

巫瑶敏，女，硕士，广州市交通规划研究院。电子信箱：372020889@qq.com

智慧公交站台规划设计与建设之初探

高　永　段冰若　田希雅　吉章伟

【摘要】随着电子设备的成本降低和互联网技术的发展，公交站台智慧化品质化改造建设已成为城市交通建设、惠民服务的重要工作之一。由于智慧公交站台融合了传统公交的功能性规划、城市家具的工业景观设计、现代电子设备的系统集成三个领域，目前尚无一套成熟的规划设计技术理论，智慧公交站台建设往往出现建设成本与效益错位、智能设备与功能需求错配、服务能力与品质质量非兼容等问题，导致管理部门对智慧公交站台的建设难以取舍，制约着智慧交通站台的健康发展。本文基于北京、深圳和长春三地智慧公交站台设计建设经历，结合国内外相关案例，探讨提出了现阶段智慧公交站台功能设计和建设的基本理念，以及在规划、设计、建设过程中的一些技术方法和要点，试图为我国城市智慧公交站台的建设提供相关技术方法参考。

【关键词】智慧公交；智能站台；公交信息化；公交系统；公交规划

【作者简介】

高永，男，硕士，深圳城市交通规划设计研究中心有限公司，工程师。电子信箱：gqyong@126.com

段冰若，男，硕士，深圳城市交通规划设计研究中心有限公司，助理工程师。电子信箱：duanbingruo@126.com

田希雅，男，硕士，深圳城市交通规划设计研究中心有限公司，工程师。电子信箱：xiyatian@163.com

吉章伟，男，硕士，深圳城市交通规划设计研究中心有限公司，助理工程师。电子信箱：ewm123@163.com

项目来源：深圳市战略性新兴产业发展专项资金 2018 年第二批扶持计划（深发改〔2018〕1491 号）

城市公共交通票价改革杂谈

常 华

【摘要】改革开放以来，公交优先成为业界共识，我国各大城市公共交通有了巨大发展。考虑到公交设施投入巨大，以及一般乘客经济承受能力，地方政府在公交发展上投入大量补贴。近年来，随着公共交通规模不断扩大，公交投入与日俱增，但公交票价体制改革缓慢，政府巨额投入逐渐陷入不可持续困境。其后果是增加政府财政负担、扭曲公交市场、降低服务水平、削弱公交企业效率和影响居民收入再分配。结合国内外的经验，本文提出公交发展建议：一是适度提高公交收费水平，公交补贴转向弱势群体；二是完善公交票价调整机制，对于我国建立良性公交发展机制和促进公交领域发展创新具有重要意义。

【关键词】公共交通；地铁；票价；补贴；共享单车

【作者简介】

常华，男，硕士，广州市交通规划研究院，高级工程师。电子信箱：380911107@qq.com

城市轨道交通潮汐客流特征及运营策略研究

——以深圳地铁 3 号线为例

陈雪枫 郭 莉

3

【摘要】潮汐客流上下行方向客流量的显著差异是轨道交通运营组织关注的重点。为能够正确认识和应对潮汐式客流问题，本文以深圳地铁 3 号线为例，对潮汐客流的成因与客流特征进行了分析，从开行交路和列车运行图两个方面提出了优化调整方法，一方面加大对重客流方向的服务力度，满足客流主要方向的交通出行需求，另一方面提高轻客流方向的列车满载率，避免地铁运能浪费，节约运营成本。

【关键词】轨道交通；潮汐客流；运营组织

【作者简介】

陈雪枫，女，硕士，深圳市规划国土发展研究中心，助理规划师。电子信箱：cd_chenxuefeng@126.com

郭莉，女，硕士，深圳市规划国土发展研究中心，高级工程师。电子信箱：guoli9999@gmail.com

基于扫码支付数据的公交运行特征分析

高　永　张利军　张　伟

【摘要】目前，扫码支付已经成为公共交通重要支付方式，这为公交运行特征分析提供了全新的数据资源。相比与公交刷卡支付，扫码支付产生的数据内容更加丰富且用户唯一绑定性更强。基于刷卡数据和卫星定位数据的公交运行特征分析成果较多，但基于扫码支付数据和卫星定位数据的分析案例尚不多见。本文基于兰州市城乡公交系统的实际案例，研究提出了基于扫码支付数据和卫星定位数据的公交运行特征分析方法，并以906线路为例，系统分析了公交乘客乘车习惯特征、客流时空分布特征、线路运行特征等，并基于客流特征，初步提出了线路优化的建议。

【关键词】公交；特征分析；扫码支付；卫星定位

【作者简介】

高永，男，硕士，深圳城市交通规划设计研究中心有限公司，高级工程师。电子信箱：gqyong@126.com

张利军，男，在读硕士，兰州交通大学。电子信箱：2498042078@qq.com

张伟，男，硕士，深圳城市交通规划设计研究中心有限公司。电子信箱：zhangwei.robot@gmail.com

项目来源：深圳市战略性新兴产业发展专项资金2018年第二批扶持计划（深发改〔2018〕1491号）

配建首末站规划与实施
保障机制研究

陶晨亮

【摘要】优先发展公共交通是国家重要的发展战略，规划公交场站的实施落地是保障公交优先发展的重要环节。在面临城市用地从增量向存量、减量转变，土地资源愈发紧张的背景下，一些城市在新一轮的公交规划中，提出了鼓励建设配建首末站的发展模式。本文针对配建首末站在布局规划、设施设计和实施机制中存在的问题，从规划体系、设施设计和实施机制三方面提出优化建议，为配建首末站的规划实施提供参考。

【关键词】配建首末站；发展对策；场站设施设计；实施机制

【作者简介】

陶晨亮，男，硕士，深圳城市交通规划设计研究中心有限公司，工程师。电子信箱：charlee.tao@gmail.com

强化竞争的 TC 公交模式
优化思路探讨
——以佛山为例

朱加喜　刘先锋　何嘉辉

【摘要】文章以佛山市 TC 公交模式为案例，介绍了 TC 公交模式的特征及优势，分析了 TC 公交模式竞争性弱的原因，并提出了以"强化竞争"为导向的优化思路探讨。"多养狼、多挂肉、少资产"的优化思路在全市统筹——公交线路车辆资源集中的背景下能较好地提升 TC 公交模式的竞争性，从而通过提升准入竞争来提升公交服务品质和降低公交运营成本，为其他城市公交发展提供借鉴。

【关键词】TC 公交模式；公交体制；改革；强化竞争

【作者简介】

朱加喜，男，硕士，深圳城市交通规划设计研究中心有限公司，高级工程师。电子信箱：109243248@qq.com

刘先锋，男，硕士，深圳城市交通规划设计研究中心有限公司，工程师。电子信箱：872922270@qq.com

何嘉辉，男，本科，深圳城市交通规划设计研究中心有限公司，工程师。电子信箱：609861213@qq.com

广州市常规公交乘客满意度
调查分析研究

张文强　夏国栋

【摘要】城市公共交通作为市民最基本的出行方式，其服务品质发展程度直接关系市民的出行条件和城市交通的整体发展水平。本文通过对广州市常规公交乘客满意度调查分析研究，采用模糊综合评价法、层次分析法对数据进行评价分析，分析和显示结果得到，广州市常规公交乘客满意度综合评价良好。研究成果具有以下借鉴意义，第一，可以建立一套比较系统完善的常规公交乘客满意度评价指标体系；第二，可以通过对指标分析提出改善常规公交服务质量切实可行的方案和措施，为政府及公交企业决策者提供参考依据，在提升城市常规公交的服务品质、提高公交吸引力方面具有重要意义。

【关键词】常规公交；乘客满意度；模糊综合评价；层次分析法

【作者简介】

张文强，男，本科，深圳城市交通规划设计研究中心有限公司，工程师。电子信箱：2682406250@qq.com

夏国栋，男，硕士，深圳城市交通规划设计研究中心有限公司，高级工程师。电子信箱：379376189@qq.com

大湾区背景下的东莞市轨道
交通发展策略研究

成　冰　谢明隆

【摘要】在粤港澳大湾区发展战略下，东莞市进入全力打造"湾区都市、品质东莞"的新阶段。本文剖析东莞城市交通需求的转变，结合东莞市新时期发展目标和城市轨道交通发展背景，提出东莞市本轮轨道交通总体发展策略为"外联、内聚、提质"，结合东莞市近期轨道交通建设情况，提出近期轨道交通发展策略为"推进已批轨道快线、加快建设中心区通勤线、创新轨道投融资模式、健全沿线土地储备机制"，以供城市交通管理者在东莞市轨道交通建设过程中作为参考。

【关键词】粤港澳大湾区；城市空间形态；轨道交通

【作者简介】

成冰，男，硕士，深圳城市交通规划设计研究中心有限公司，工程师。电子信箱：chengbing@sutpc.com

谢明隆，男，硕士，深圳城市交通规划设计研究中心有限公司，工程师。电子信箱：114243401@qq.com

无锡市城市轨道交通现状
客流特征研究

钱昌犁　邵　妍

【摘要】无锡市城市轨道交通于 2014 年 7 月正式开通运营，运营 4 年多来，对无锡市城市交通体系的绿色可持续发展起到了重要的推动作用，但具体运营中也出现了多种前期规划建设中始料未及的问题。其中，客流强度较低是目前面临最显著问题。本文通过对运营客流数据的深入挖掘及相关辅助调查，从网络、线路及站点层面，分析了重要客流指标的特征及成长变化规律，结合城市土地利用发展，认为线路与城市发展互动性不足、私人出行方式发展环境良好导致公共交通整体竞争力不足、轨道交通自身一体化接驳工作开展不到位等，是导致当前运营线路客流强度低的主要原因。在分析问题的同时，指出在新一轮轨道线网规划及后续车站设计中应避免当前发生的问题，确保无锡市轨道交通事业可持续发展。

【关键词】无锡；城市轨道交通；客流评价指标；客流强度

【作者简介】

钱昌犁，男，硕士，无锡市城市规划编制研究中心，工程师。电子信箱：80918421@qq.com

邵妍，女，硕士，无锡市政设计研究院有限公司，工程师。电子信箱：117324192@qq.com

区域融合背景下杭州轨道线网规划策略研究

邓良军　周呆尧　陈小利

【摘要】在长三角区域一体化、杭州都市区快速融合发展等背景下，交通出行可达性和时效性需求提升，杭州城市轨道交通面临规模不足、功能层次不完善、轨道网络时效性差等问题，需要以提升网络化出行效率和内外出行品质为核心，从"增服务"向"提质增效"转变，通过构建多层次、分圈层差异化轨道网络来促进区域一体化发展，满足多样化的交通出行需求。

【关键词】区域融合；杭州；轨道线网

【作者简介】

邓良军，男，硕士，杭州市城市规划设计研究院，工程师。电子信箱：114103272@qq.com

周呆尧，男，硕士，杭州市城市规划设计研究院，高级工程师。电子信箱：14989184@qq.com

陈小利，女，硕士，杭州市城市规划设计研究院，工程师。电子信箱：1825536584@qq.com

面向组团城市的现代有轨
电车规划研究

安　萌　陈学武

【摘要】在京津冀协同发展的国家战略背景下，城市拓展、外围组团的兴起成就了唐山市较为典型的组团式发展模式，在组团空间结构的影响下，系统规划既能满足中长距离出行的大中运量要求，又满足低碳环保的生态要求的交通方式就显得尤为重要。依托唐山市综合交通规划和唐山市轨道交通线网规划的开展：①从唐山市空间结构出发，分析唐山市组团城市的结构特征和交通出行特征；②面向组团结构城市发展模式，研究现代有轨电车系统在唐山市的功能定位及作用；③基于有轨电车系统的不同功能定位，开展组团式城市空间结构下现代有轨电车的规划研究，系统规划唐山市有轨电车网络，提出高中低三套方案，为城市交通规划和建设提供决策依据。

【关键词】组团城市；空间结构；现代有轨电车；公共交通；城市形象

【作者简介】

安萌，男，博士，东南大学交通学院，高级工程师。电子信箱：andyanmeng@163.com

陈学武，女，博士，东南大学交通学院，教授。电子信箱：xuewuchen@seu.edu.cn

基于功能规划的上海市域（郊）
铁路适配车型研究

叶新晨　赵亚鑫　李　彬　陈　非

【摘要】市域（郊）铁路是指服务于城市与郊区、中心城与新城、重点城镇间的中长距离客流需求的快速轨道交通线路。本文对国内外市域（郊）铁路线发展特点进行总结，基于上海市新一轮总体规划，分析市域（郊）铁路的功能定位，结合行业相关规范与技术标准，提出上海市市域（郊）铁路适配车型选择的关键指标体系并给出车型的比选流程建议。

【关键词】市域（郊）铁路；功能定位；适配车型；指标体系；比选流程

【作者简介】

叶新晨，女，硕士，上海市交通港航发展研究中心，工程师。电子信箱：906148307@qq.com

赵亚鑫，男，硕士，上海申铁投资有限公司，副总经理，工程师。电子信箱：zhaoyaxinshanghai@163.com

李彬，男，博士，上海市交通港航发展研究中心，副主任，高级工程师。电子信箱：libin@shjt.org.cn

陈非，男，博士，上海申铁投资有限公司，投资发展部副经理。电子信箱：chenfeiyafei@163.com

大数据在公交线网优化中的实践

——以烟台市为例

王　强　陈　霞　苗世春　林松涛　路　源

【摘要】随着城市规模的不断扩张，公交线网规模不断扩大，线网结构布局日益复杂，为满足居民出行需求、支撑城市发展和建设，科学优化公交线网成为关键。本文以烟台市公交线网优化为例进行研究，利用手机信令、公交 IC 卡和公交车辆 GPS 等多源大数据进行融合分析，掌握居民出行特征、公交客流需求等，用大数据分析支撑公交线网优化方案设计。

【关键词】大数据分析；出行特征；公交客流；公交线网优化

【作者简介】

王强，男，硕士，济南市市政工程设计研究院（集团）有限责任公司（山东众行城乡交通研究咨询公司），交通所总工程师，高级工程师。电子信箱：179168992@qq.com

陈霞，女，硕士，济南市市政工程设计研究院（集团）有限责任公司（山东众行城乡交通研究咨询公司），工程师。电子信箱：1129275814@qq.com

苗世春，男，本科，济南市市政工程设计研究院（集团）有限责任公司（山东众行城乡交通研究咨询公司），高级工程师。电子信箱：215390127@qq.com

林松涛，男，硕士，济南市市政工程设计研究院（集团）有限责任公司（山东众行城乡交通研究咨询公司），交通所所长，

高级工程师。电子信箱：363377624@qq.com

　　路源，女，硕士，济南市市政工程设计研究院（集团）有限责任公司（山东众行城乡交通研究咨询公司），工程师。电子信箱：1049188807@qq.com

国内大城市公交分担率变化比较及经验借鉴

吴翱翔　毛建民

【摘要】国家建设"公交都市"所倡导的公交优先理念已经得到国内各大城市广泛认可，提高城市公共交通出行分担率也成为重要目标。然而近年来，国内部分大城市在公交领域包括轨道交通建设和常规公交运营投入大幅增长的情况下，整体公交出行分担率并没有明显提高，甚至略有下降。为分析近年来国内大城市公共交通分担率的变化趋势，本文选取了北京、上海、广州、深圳和重庆等城市作为研究对象，对近年来各城市中心区公交分担率指标变化情况进行了归纳分析，然后结合新加坡的先进经验和重庆市近年来的实践，对大城市公共交通发展提出了合理化建议。

【关键词】公共交通；公交优先；公交分担率；比较研究

【作者简介】

吴翱翔，男，硕士，重庆市交通规划研究院，工程师。电子信箱：1031669170@qq.com

毛建民，男，硕士，重庆市交通规划研究院，高级工程师。电子信箱：286273174@qq.com

中小城市公交优先发展策略研究

——以常熟市公交优先三期工程为例

【摘要】常熟市城区道路经过近五年的公交优先改造，基本已实现城区道路公交优先，这在中小城市中具有典范作用。本文首先介绍了常熟市公交优先项目逐步推进的过程，其次分析了公交优先改造过程中的关键技术。在存量道路空间资源的前提下进行公交优先设计，在尽量平衡各方利益的前提下对断面重新分配，提出交叉口车道数及车道宽度关键参数要求，成果可供类似项目参考。

【关键词】公交优先；车道数匹配；车道宽度

【作者简介】

徐志红，女，硕士，悉地（苏州）勘察设计顾问有限公司，高级工程师。电子信箱：287407287@qq.com

沈学芳，女，本科，悉地（苏州）勘察设计顾问有限公司，教授级高级工程师。电子信箱：shen.xuefang@ccdi.com.cn

李光灿，男，本科，常熟市公安局交通警察大队秩序科，工程师。电子信箱：258266676@qq.com

公交专用道的交通效益分析

——以厦门专用道为例

陈保斌　　王秀明　　廖新桥　　黄国苏

【摘要】城市公交车专用道的设置为公共车辆提供更优的道路空间，但路权的重新分配可能影响道路上其他车辆的运行效率，甚至有可能导致路面交通拥堵，这也是决策者无法坚决推进公交专用道建设的主要原因之一。本文使用 VISSIM 软件，选取行程速度、行程时间和道路断面客运量作为评价指标，分析有无设置公交专用道的情况下，道路整体的交通效益，以厦门首条公交专用道（云顶中路—前埔路段）为例进行实证研究。该评价方法可为后续厦门公交专用道的建设提供理论指导和依据。

【关键词】交通效益；仿真；公交专用道

【作者简介】

陈保斌，女，硕士，厦门市市政工程设计院有限公司，助理工程师。电子信箱：418518630@qq.com

王秀明，男，硕士，厦门市市政工程设计院有限公司，高级工程师。电子信箱：18479706@qq.com

廖新桥，男，本科，厦门市市政工程设计院有限公司，助理工程师。电子信箱：991928880@qq.com

黄国苏，男，本科，厦门市市政工程设计院有限公司，工程师。电子信箱：181978923@qq.com

地铁客流来源分布特征研究

——以南京地铁为例

于泳波　侯　佳　程晓明

【摘要】本文基于手机信令数据、轨道 AFC 数据、城市用地属性数据，联合分析城市地铁客流来源分布特征。首先通过地铁轨迹匹配轨道出行路径，其次针对地铁重点指标，以 AFC 数据分析出的结果为标杆数据进行校核，最后结合城市用地数据分析地铁客流来源范围与用地性质的特征。结果表明，地铁站点半径 5 公里范围内的客流来源占 93.5%；超过 60% 的地铁站点，其 90% 的客流来源于站点半径 5 公里范围；来源于商务用地的客流其主要分布在站点半径 2 公里范围内；而来源于住宅区的客流，其在各个范围的占比随半径的增大而降低；来源于村庄、水域耕地的客流，其在各个范围的占比随半径的增大而增大。本研究结果可为城市地铁线网规划、常规公交线网优化提供决策依据。

【关键词】手机信令数据；地铁客流来源；用地属性；智能交通

【作者简介】

于泳波，男，硕士，南京市城市与交通规划设计研究院股份有限公司，助理工程师。电子信箱：magic1992yu@163.com

侯佳，女，博士，南京市城市与交通规划设计研究院股份有限公司，工程师。电子信箱：423637612@qq.com

程晓明，男，硕士，南京市城市与交通规划设计研究院股份有限公司，高级规划师。电子信箱：232699227@qq.com

对国内有轨电车发展状况的审视与发展建议

顾志兵

【摘要】本文回顾了有轨电车行业起步兴盛、衰减、复兴的三个发展阶段，并着重对欧洲城市有轨电车复兴的背景和原因进行了剖析。从功能定位、运营环境、运营效率、技术制式、财政补贴角度对国内城市有轨电车的发展状况进行了全面审视，并对国内有轨电车行业后续发展提出了些许建议。

【关键词】有轨电车；功能定位；审批；行业标准

【作者简介】

顾志兵，男，硕士，上海城市综合交通规划科技咨询有限公司，规划二部经理，高级工程师。电子信箱：steaven8848@sina.com

虹桥商务区中运量公交发展研究

黄　莉　谢　辉　方昌明

【摘要】上海虹桥商务区将发展成为面向国际的全球城市核心功能承载区和服务长三角地区更高质量一体化发展的先行区，其所在区位及规划功能，决定了其具有较为独特的交通特征。本文重点分析了商务区目前的公交系统状况，结合交通需求及规划轨道网布局方案，提出了商务区发展中运量公交的必要性，并就商务区中运量公交功能定位、发展思路及通道方案提出规划建议，以便为其未来整体公交体系的布局提供思路借鉴。

【关键词】虹桥商务区；交通特征；中运量公交

【作者简介】

黄莉，女，硕士，上海城市综合交通规划科技咨询有限公司，规划一部经理，工程师，注册咨询工程师。电子信箱：hjseu2007@163.com

谢辉，男，博士，上海城市综合交通规划科技咨询有限公司，副总工程师，高级工程师。电子信箱：xiehui110@126.com

方昌明，男，本科，上海城市综合交通规划科技咨询有限公司，工程师。电子信箱：471787369@qq.com

基于大数据分析的上海公交
转型发展路径分析

薛美根　刘明姝

【摘要】近年来，上海公交客运量持续下降，曾经是公共交通主体的公共交通不再承担主体的功能，这也是国内大城市普遍面临的问题。本文回顾了近三十年上海城市交通的背景变化，以及公交在不同阶段的发展历程。总结出影响公交客运功能转变的因素，包括城市空间扩大、出行总量增加、轨道交通网络规模扩大、新交通模式的兴起等。并提出未来公交转型发展的必要性，同时从功能定位、线网层次、服务形式、体制机制等方面探讨公交转型发展的方向。

【关键词】公交；发展回顾；转型发展；公共交通；上海

【作者简介】

薛美根，男，硕士，上海市城乡建设和交通发展研究院，副院长，教授级高级工程师。电子信箱：xuemeigen2013@126.com

刘明姝，女，硕士，上海市城乡建设和交通发展研究院，高级工程师。电子信箱：liumingshutj@126.com

一种能够适应"畸形站点"的
公交网络最短路径算法

杨万波　吴超峰

3
【摘要】 由于公交网络的复杂性，与普通道路网相比，其最短路径计算涉及"点权"等难以处理的问题。单向交通管理措施等因素使得不少地区的公共线路出现上、下行不共线的情况，导致"点权"的处理变得更加复杂，从而对公交最短路分析提出了更高的要求。然而目前在最短路径的研究方面，很少有在设计算法之前将上述现象考虑到模型之中，致使路径的准确性受到较大影响。针对这些问题，本文首先提出了"畸形站点"的概念，分析了"畸形站点"处乘客的换乘特性。然后提出一种能适应"畸形站点"的最短路径算法，并通过算例验证方法的可行性和有效性。

【关键词】 公交最短路径算法；"畸形站点"；局部最短路径；全局最短路径

【作者简介】

杨万波，男，硕士，深圳市城市交通规划设计研究中心，工程师。电子信箱：290546782@qq.com

吴超峰，男，硕士，深圳市城市交通规划设计研究中心，助理工程师。电子信箱：290546782@qq.com

杭州主城区公交停靠站评估及
优化策略研究

邓良军　李家斌　邓一凌

【摘要】本研究通过构建多维度的评价体系，以问题评估为抓手，以出行需求为导向，突出"以人为本"，围绕年度治堵目标和公交都市创建目标，结合公交线网优化，从着力扩大公交站点服务覆盖面、加强与既有轨道车站衔接、提升运行效率、提高服务能力等方面着手，进一步优化完善常规公交停靠站，改善公交服务效率，增强公交出行吸引力，提升大公交系统综合效益。

【关键词】公交停靠站；评估；优化策略

【作者简介】

邓良军，男，硕士，杭州市城市规划设计研究院，工程师。电子信箱：114103272@qq.com

李家斌，男，硕士，杭州市城市规划设计研究院，工程师。电子信箱：516704343@qq.com

邓一凌，男，博士，浙江工业大学，讲师。电子信箱：99718047@qq.com

基于多源数据的深圳市轨道站
客流时空分布特征研究

郭　莉

【摘要】轨道站客流时空分布特征与城市空间结构、土地利用、轨道网络、接驳设施等因素紧密相关。本文借助轨道刷卡数据、手机信令数据及问卷调查数据，从乘客出行全链条的三个阶段——轨道进出站客流、轨道站内上下客流、轨道站接驳客流三个方面分析了轨道客流的时间和空间分布特征。结果表明：轨道一、二期线路原特区内段客流增长相对较缓，但主要就业点在已经实行客流管制的情形下，客流仍然持续增加，反映职住分离加剧；站点高峰系数与土地利用及站点区位紧密相关，原特区外城中村类站点及中心区就业集聚站点单向高峰系数超过 30%；轨道接驳范围分析发现对外枢纽类型站点客流吸引范围最大，其次是居住，最后是就业集聚地；共享单车扩大了轨道站的客流吸引范围，但 70%客流接驳范围在 10 分钟范围内。研究成果为深圳及其他城市的轨道规划、建设、管理和运营提供了数据支撑和经验借鉴。

【关键词】轨道客流；客流特征；高峰系数；时空分布

【作者简介】

郭莉，女，硕士，深圳市规划国土发展研究中心，高级工程师。电子信箱：99129268@qq.com

差异化票价对可变线路公交运营调度的影响分析

刘　娟

【摘要】可变线路公交系统是一种流行的灵活式公交，车辆可以偏离主线去服务一些站外需求的乘客。本文提出了一种基于偏移距离和乘客类型的差异化票价规则。通过综合考虑公交公司运营收益和乘客出行成本，建立可变线路公交静态调度的混合整数规划模型。结果分析发现差异化票价规则会影响可变线路公交的调度方案。对现实应用中的可变线路公交运营数据进行仿真实验，结果显示目标函数中考虑票价的模型可以提升公交公司的收益。将差异化票价考虑在目标函数中的模型在实际应用中会为公交公司提供一个收益更高的调度方案。

【关键词】可变线路公交；差异化票价；运营调度

【作者简介】

刘娟，女，硕士，四川省城乡规划设计研究院，助理工程师。电子信箱：lj152634@sina.com

轨道快线线站位方案规划研究 技术要点浅议

邓　敏　谢覃禹

【摘要】近年，国内轨道快线的发展较为迅速，但主要集中在超大城市和少数几个特大城市，同时，国家标准或行业标准层面的轨道快线设计规范尚未正式出台，轨道快线线站位方案如何开展规划研究的普及面尚不广。本文结合作者项目经验，在分析轨道快线定义与功能特点的基础上，提出了轨道快线线站位方案规划研究"明确线路功能定位、明确关键技术指标、线站位规划方案比选"三阶段流程，并对各阶段的技术要点，尤其是对设计速度选取、合理站间距设置、交通枢纽的衔接布局等区别于轨道普线线站位规划技术特点的环节进行重点介绍，并通过相关案例分析进行说明。

【关键词】轨道快线；功能特点；关键技术指标；线站位规划方案

【作者简介】

邓敏，男，硕士，长沙市规划勘测设计研究院，工程师。电子信箱：156222986@qq.com

谢覃禹，男，硕士，长沙市规划勘测设计研究院，工程师。电子信箱：xqy_305444830@qq.com

面向品质服务的深圳市常规公交场站优化研究

邓　娜　梁对对　邓　琪　殷瑞琴

【摘要】大城市轨道交通进入巨网运营时代，网约出租车的规模化发展，导致常规公交的发展面临新挑战。新形势下，常规公交服务品质的提升不应仅限于传统的公交线网优化或乘车环境层面的改善，还应该探索资源供给侧的改革路径，着力于常规公交场站的模式转型升级，实现物质空间强化与服务品质优化。本文以深圳市探索常规公交场站模式的转型升级为例，介绍了该市创新"立体多层公交综合车场+配建公交首末站"发展模式的背景、动因与原则，并依托实践经验总结分析了规划设计中相关重点，最后列举了该市公交场站转型升级所带来的公交服务品质提升实效。

【关键词】常规公交场站；模式；转型升级；分级分类；品质服务

【作者简介】

邓娜，女，硕士，深圳市规划国土发展研究中心综合交通所，助理规划师。电子信箱：1026579968@qq.com

梁对对，女，硕士，深圳市规划国土发展研究中心综合交通所，高级工程师。电子信箱：466570487@qq.com

邓琪，男，本科，深圳市规划国土发展研究中心综合交通所，高级工程师。电子信箱：5700274@qq.com

殷瑞琴，女，硕士，中国城市规划设计研究院深圳分院，助理规划师。电子信箱：67017143@qq.com

基于全网实时数据的公共汽车
在途可靠性评价

金 辉

【摘要】公共汽车可靠性的现有研究对可靠性的评价往往局限于特定的线路或者站点。为此，本研究基于全网层面的实时数据来探索公共汽车沿线的可靠性。通过计算车辆实际与期望的车头时距标准差，获取车辆站点层面的可靠性评价，然后通过智能卡的乘客量对其进行加权，以获取线路层和网络层的可靠性评价。为展示公共汽车沿线停靠站层面的可靠性趋势，将其分级并在地图上展示。然后对线路层面的可靠性作此处理，发现不可靠的服务基本集中在或者穿过市中心。关于网络层面的可靠性，比较展示了工作日和周末的可靠性差异。另外，对比了重大节日后与平时可靠性的显著差异强调进行周期性评价，特别是在重大活动前后进行可靠性评价的重要性，以规避严重影响乘客体验的情况。该研究有助于提升公共汽车服务部门系统评价服务的时空可靠性，以定位并优先关注严重不可靠、乘客量高的停靠站与线路，从而高效提升公共汽车的服务质量。

【关键词】公共汽车可靠性；全网实时数据；多层次评价；可视化

【作者简介】

金辉，女，博士，同济大学。电子信箱：jinhui_traffic@tongji.edu.cn

项目来源：国家自然课科学基金 NO. 61773293

中小城市公交专用道体系规划研究

——以珠海市为例

【摘要】本文以珠海市为例，在剖析公交专用道发展面临主要矛盾的基础上，借鉴先进城市经验，利用路阻函数模型，以人均最小延误为目标，从道路几何特征、交通流量、道路饱和度等方面分析设置公交专用道敏感性和最小公交车流量比例，以此为依据制定符合珠海实际的公交专用道设置标准。最后，针对珠海市公交需求预测，提出发展三层级公交专用道体系，规划构建中心城区"一环四射+三横四纵"公交专用道总体布局方案，并构建模型评估方案实施效果。

【关键词】公交专用道；设置标准；路阻函数模型；珠海市；中小城市

【作者简介】

田关云，男，硕士，珠海市规划设计研究院，工程师。电子信箱：505829841@qq.com

罗瑨，女，硕士，珠海市城乡规划编审与信息中心工程师，工程师。电子信箱：443791103@qq.com

公交专用道精细化设计及微观仿真研究

田关云 罗 瑨

【摘要】文章以珠海市九洲大道公交专用道为例，从专用道精细化设计、实施管理以及效用评估等方面开展研究。首先，利用 TransCAD、VISSIM 等软件工具，在定性定量分析的基础上，创新性地采用了公交专用进口道左转右置的建设形式；其次，结合道路交通特征，进一步针对专用道使用对象、启用时间、标识系统以及监控方案等方面进行研究，提出了具体的实施管理措施。最后，通过构建仿真模型，对专用道的运行效果进行了设置前后对比分析，得出公交专用道设置与道路饱和度之间的关系，为倡导公交优先理念提供研究支撑。

【关键词】公交专用道；精细化设计；微观仿真；公交优先；珠海市

【作者简介】

田关云，男，硕士，珠海市规划设计研究院，工程师。电子信箱：505829841@qq.com

罗瑨，女，硕士，珠海市城乡规划编审与信息中心，工程师。电子信箱：443791103@qq.com

武汉市建设地铁城市战略
实施编制体系探索

韩丽飞　汪　敏　高　嵩　李玲琦

【摘要】为了深入落实武汉市建设世界级地铁城市的目标，本文依托常年积累的地铁运营资料、调查问卷结果和相关大数据资源评估了武汉市现状地铁城市实施效果，从宏观、中观和微观三层面梳理轨道交通规划编制体系，提出实施地铁城市战略的辅助编制体系，强化中观和微观轨道综合交通一体化规划引导，切实实现轨道交通站城融合，充分发挥轨道交通对城市发展的带动作用。

【关键词】轨道交通；地铁城市；辅助编制体系；武汉

【作者简介】

韩丽飞，男，硕士，武汉市交通发展战略研究院，工程师。电子信箱：516916102@qq.com

汪敏，男，本科，武汉市交通发展战略研究院，高级工程师。电子信箱：44003915@qq.com

高嵩，男，硕士，武汉市交通发展战略研究院，工程师。电子信箱：gsgshhhh@vip.qq.com

李玲琦，女，硕士，武汉市交通发展战略研究院，工程师。电子信箱：631356929@qq.com

06 步行与自行车

基于博弈论的共享单车企业
车辆投放规模分析

华明壮　陈学武　程　龙　王鹏飞　齐　超

【摘要】共享单车以其方便时尚在中国得到快速发展，但也带来了车辆过量投放和运营服务不足等问题。本文基于对南京共享单车市场的信息掌握，使用 Cournot 寡头竞争模型建立了分析共享单车企业车辆投放规模的博弈论方法。研究结论如下：共享单车企业双寡头竞争时在南京市场的纳什均衡投放量为 41 万辆，模型结果与相应发展阶段实际情况相近；参数敏感性分析发现车辆租赁收入的变化对投放规模影响有限，每家企业纳什均衡投放量在 16 万~22 万辆范围内，但用博弈论推算企业利润则有剧烈波动；运维调度成本对控制共享单车规模有显著影响，引进新企业会增加市场内车辆总规模。研究结果对共享单车投放调控、设施规划和运营管理可以提供一定的参考。

【关键词】共享单车；车辆投放；博弈论；寡头竞争；南京

【作者简介】

华明壮，男，在读博士，东南大学交通学院。电子信箱：2580412143@qq.com

陈学武，女，博士，东南大学交通学院，教授。电子信箱：chenxuewu@seu.edu.cn

程龙，男，博士，比利时根特大学。电子信箱：long.cheng@ugent.be

王鹏飞，男，在读博士，东南大学交通学院。电子信箱：wangpengfei93@qq.com

齐超，男，在读硕士，东南大学交通学院。电子信箱：459383551@qq.com

项目来源：国家自然科学基金重点项目"现代城市多模式公共交通系统基础理论与效能提升关键技术"（51338003）

苏州市非机动车交通发展
特征与策略研究

姜 军

【摘要】非机动车交通在城市交通系统中发挥着重要作用。本文以苏州市区非机动车为研究对象，通过统计数据、问卷调查等多种调查手段分析了城市出行方式结构的发展和变化，解析了非机动车交通系统内部自行车与电动自行车保有量、出行比例的演变，挖掘了非机动车使用者、出行目的、使用用途、道路流量、出行环境、交通安全等方面的主要特征，并剖析了呈现各种特征的深层次原因，提出了非机动车交通的发展和管理策略。通过本文研究可以更全面地掌握苏州非机动车的发展历程和现状特征，明确非机动车发展方向，推动城市交通的协同共治，促进城市交通的理性发展和综合交通效率提升。

【关键词】非机动车；发展历程；使用特征；发展策略

【作者简介】

姜军，男，博士，中设设计集团股份有限公司，高级工程师。电子信箱：99787769@qq.com

城市双修理念下武汉长江主轴慢行系统优化

陈舒怡　吴　静

【摘要】城市交通拥堵是我国最受关注的民生问题之一。倡导绿色慢行是解决交通拥堵与实现城市品质提升双赢的切入点。本文基于"城市双修"理念，立足武汉长江主轴慢行交通的现状解读，剖析其空间特征和存在问题，针对安全、舒适、健康、易达四项目标，提出四大优化策略，最终落脚到汉口三阳路示范片区，提出慢行系统优化实施方案，以期为城市慢行系统修补提供借鉴。

【关键词】交通规划；城市双修；武汉长江主轴；慢行系统

【作者简介】

陈舒怡，女，硕士，武汉市规划研究院，助理工程师。电子信箱：928771285@qq.com

吴静，女，硕士，武汉市规划研究院，工程师。电子信箱：15723448@qq.com

深圳市共享单车出行时空特征及需求分析

林青雅　　丘建栋　　谢开强

【摘要】在大数据时代，基于用户地理位置的服务已被广泛应用于人们的日常生活，其位置信息体现了用户的活动范围、聚集、活动痕迹等内容。本文采用深圳市市共享单车数据，经数据处理、地图匹配及聚类分析后，以可视化的方式揭示居民骑行时空分布特征与地铁站点接驳需求。研究发现，居住聚集区具有较强的自我调度能力，工作日和非工作均出现早晚骑行高峰；多个公交站点客流量较大，出行具有明显的潮汐现象；自行车调度需求也呈现早晚高峰"双中心"特征。研究结果阐述了四个方面的问题：基于居民骑行出行需求、骑行走廊特征、站点接驳需求及单车调度特征，可为城市共享单车的经营管控、运营调度、城市慢性车道规划、自行车车库选址提供数据支撑。

【关键词】共享单车；骑行需求；站点接驳；运营调度

【作者简介】

林青雅，女，本科，深圳市城市交通规划设计研究中心有限公司，助理工程师。电子信箱：linqy@sutpc.com

丘建栋，男，硕士，深圳市城市交通规划设计研究中心有限公司，交通信息与模型院院长，高级工程师。电子信箱：qiujiandong@sutpc.com

谢开强，男，硕士，深圳市城市交通规划设计研究中心有限公司，助理工程师。电子信箱：kqx0731@163.com

基于视频检测的行人过街危险
行为辨识及预测

夏淼磊

【摘要】行人违章穿越马路的事件时有发生，经常带来危险甚至是交通事故，对社会安全造成严重影响。因此本文通过建模，针对行人过街的危险行为进行分析、辨识及预测。在多地调研的基础上，获取大量行人过街及危险违章视频，通过基于上下文分析的视频检测技术，采用快速 RHOG 算法完成行人目标检测与识别，提取出行人过街过程的连续运动曲线，并筛选出具有典型特性的运动状态作为样本，再将样本与实际过街环境进行综合考虑推理，从宏观及微观角度分析行人过街危险行为产生的机理。通过实际视频跟踪试验，将本研究理论应用于不同道路状态、信号设置、区域时段的行人过街危险行为的辨识及预测中，并将分析结果与人工筛选进行对比，对比结果表明，本研究算法具有较高的准确和适应性。

【关键词】行人行为；交通视频检测；RHOG；违章行为；上下文

【作者简介】
夏淼磊，男，硕士，温州市城市规划设计研究院，工程师。电子信箱：240654931@qq.com

深圳市互联网租赁自行车总量
规模测算研究

肖文明 王 伟 张剑锋 李 粟 彭 澜

【摘要】深圳市互联网租赁自行车行业经历了爆发式增长到快速回落的发展阶段，针对以往无序超量投放、投放不均衡、局部车辆过度或供不应求等问题，深圳市提出需测算互联网租赁自行车合理总量规模，规范和引导行业发展。本文通过参考相关规范标准及借鉴国内先进城市经验，综合考虑城市空间承载能力、停放设施资源、市民出行需求、企业可持续发展等因素，确定深圳市互联网租赁自行车合适的投放规模约为 50 万～60 万辆，与互联网租赁自行车需求相比存在一定缺口，最后提出相关建议。

【关键词】空间承载；出行需求；可持续发展；互联网租赁自行车

【作者简介】

肖文明，男，硕士，深圳市都市交通规划设计研究院有限公司，工程师。电子信箱：747495460@qq.com

王伟，男，本科，深圳市都市交通规划设计研究院有限公司，工程师。电子信箱：1030346735@qq.com

张剑锋，男，本科，深圳市都市数据技术有限公司，工程师。电子信箱：611411262@qq.com

李粟，女，本科，深圳市都市交通规划设计研究院有限公司，助理工程师。电子信箱：1024348226@qq.com

彭澜，女，本科，深圳市都市交通规划设计研究院有限公司，助理工程师。电子信箱：1317059414@qq.com

多元骑行需求视角下自行车道
空间识别与规划
——以成都市为例

李　星　王利雷

【摘要】本文从城市居民多元自行车骑行需求出发，结合自行车出行特征与趋势，提出以自行车出行功能分级为核心的自行车道空间识别与规划方法。以成都市为例，分析城市居民自行车出行调查数据、共享单车骑行大数据和城市 POI 点位数据，识别自行车出行对空间的需求差异，结合城市不同功能资源布局基础，构建自行车道分级和空间布局模式。并针对自行车道分级系统，对自行车道断面标准、隔离方式、铺装及标识、节点处理和配套设施提出设计指引和管控措施，提升自行车出行环境和出行品质，保障自行车道规划实施。

【关键词】骑行需求；自行车道；空间识别；分级网络；建设指引

【作者简介】
李星，男，硕士，成都市规划设计研究院，规划四所副所长，高级工程师。电子信箱：emillee20032003@yahoo.com.cn
王利雷，男，博士，西南交通大学，助理工程师。电子信箱：wanglilei_swjtu@163.com

新兴核心城区空中连廊建管界面模式研究

胥　晴　胡镇笠　李　力　纪铮翔

【摘要】空中连廊不仅具有缓解地面人流拥堵、改善城区交通品质的作用，而且还是城市景观的重要组成部分。近年来，大量城市开始尝试建设空中连廊，但国内少有项目形成连续性的步行网络，后期运营也未能达到理想效果，尤其在新兴城区大兴基建、多元主体混杂的情况下，问题更为突出。目前国内研究尚缺乏针对二层连廊较为科学合理的界面划分，如何明确连廊的建设及管理主体界面，保证项目顺利推行及后期优质的运维效果成为一大难题。本文基于深圳市前海合作区项目背景，结合国内外城市空中连廊的发展经验，提出一套适用于新兴核心城区的空中连廊建设管理界面模式，以指导我国新兴片区的连廊发展。

【关键词】新兴核心城区；空中连廊；建管界面模式

【作者简介】

胥晴，女，硕士，深圳市城市交通规划设计研究中心有限公司，工程师。电子信箱：xuqing@sutpc.com

胡镇笠，男，硕士，深圳市城市交通规划设计研究中心有限公司，助理工程师。电子信箱：huzhl@sutpc.com

李力，男，本科，深圳市城市交通规划设计研究中心有限公司，工程师。电子信箱：lili@sutpc.com

纪铮翔，男，硕士，深圳市城市交通规划设计研究中心有限公司，高级工程师。电子信箱：52431454@qq.com

基于摩拜存取数据的自行车
停放设施规划研究
——以深圳市为例

蒋静辉　汤秋庆

【摘要】近年来随着市场逐渐理性及相关管理政策的发布，共享单车投放量及运营状态趋于稳定，但仍然存在自行车堆放和溢出的现象，影响交通安全和城市公共秩序。本文针对共享单车存在的"乱停车"问题，利用深圳市 2018 年 10 月 1 日～10 月 14 日共享单车的使用数据分析骑行时空特征。研究表明，工作日骑行存在明显的早晚高峰特征，商业聚集区存在夜间小高峰，非工作日无明显规律；受周边地块性质、常规公交及轨道交通站点分布的影响，骑行空间特征有所不同。基于骑行时空特征分析结果，对共享单车停放设施规划提出相应建议。

【关键词】共享单车；时间特征；空间特征；停放设施

【作者简介】

蒋静辉，男，硕士，深圳城市交通规划设计研究中心有限公司，助理工程师。电子信箱：jiangjh@sutpc.com

汤秋庆，男，本科，深圳城市交通规划设计研究中心有限公司，工程设计一院设计二所所长，高级工程师。电子信箱：6536002@qq.com

城中公园行人特性研究

赵鑫玮　　陈小鸿

【摘要】城中公园兼具旅游景区和市民活动场所的多重特性，客流成分复杂，近年来受到广泛关注。本文基于国内和国外行人特性的研究现状，选取南京市玄武湖公园作为研究案例，综合采用人工调查、SP/RP 问卷调查、无人机视频拍摄等多种方式，研究城中公园行人特性研究，并建立多项 Logit 行人入口选择模型与条件 Logit 行人路径选择模型。研究发现，园区入口选择行为受到行人年龄、出行目的、出行方式的影响，线路特性（步行距离、步行时间、景点密度、服务设施密度）对行人路径选择影响显著。基于模型对园内高峰期行人流量进行了预测和路网分配，找出潜在拥挤路段，为园内行人组织管理等提供客观依据。有利于提供安全舒适的行人步行环境，提升公共活动品质。

【关键词】城中公园；行人特性；行人路径选择；Logit 模型

【作者简介】

赵鑫玮，女，在读硕士，同济大学道路与交通工程教育部重点实验室。电子信箱：zhaoxw@tongji.edu.cn

陈小鸿，女，博士，同济大学交通运输工程学院，教授。电子信箱：tongjicxh@163.com

项目来源：国家自然科学基金重点项目资助（项目批准号：71734004）

共享单车出行特征实证分析

——以昆明市为例

尹安藤　　宁伯瑾　　王叶勤

【摘要】共享单车利用"互联网+自行车"的创新出行模式，在增加城市活力、提倡绿色出行以及提升公共交通吸引力等方面扮演着重要的角色。但是，目前大多数城市的共享单车投放缺乏考虑居民出行特征，引起了一系列问题。本文以昆明市摩拜单车出行数据作为数据源，通过 python 编程，对 5650345 条共享单车出行数据进行处理，分析了昆明市共享单车出行频率、出行距离、分出发时刻、出行时长等特征。同时，结合昆明市土地利用数据，采用 GIS 软件，分析了昆明市共享单车时空特征。通过分析发现昆明市共享单车出行目的主要是通勤，且以短时短距离出行为主，工作日、周末和节假日差异较大。昆明市共享单车出行热点主要延轨道交通分布，高校和商圈附近的空间特性存在明显差异。共享单车出现后，其接驳公交站点的比例明显上升，且公交站点服务半径明显增大。在上述分析的基础上，为共享单车的规划和管理提出相关建议。

【关键词】共享单车；出行特征；时空特性；最后一公里；昆明市

【作者简介】

尹安藤，男，硕士，深圳市城市交通规划设计研究中心云南分院，助理工程师。电子信箱：870667291@qq.com

宁伯瑾，男，硕士，昆明市城市交通研究所，高级工程师。电子信箱：47735630@qq.com

王叶勤，女，硕士，同济大学浙江学院，助教。电子信箱：wangyeqinhit@163.com

共享汽车促进出行方式多样化和交通可持续发展

——以普吉特湾地区为例

汤靖雯

【摘要】汽车共享服务已经成为可持续交通系统发展体系中可选的一种交通出行方式。随着汽车共享经济的发展，政策决策者、交通工程师及城市规划师开始关注汽车共享，汽车共享已经成为一个十分重要并且热门的话题。为了发展更加可持续发展的出行，本文主要研究在美国普吉特湾地区，共享汽车使用者与非共享汽车使用者在交通出行特征以及绿色出行时间长度（步行和非机动车出行）差异，同时探究共享汽车使用频率与绿色出行时间长度的关系。主要的发现归纳为以下几点：①汽车共享用户平均年龄低于非共享汽车使用者；②汽车共享使用者受教育程度高于非使用者；③共享汽车使用者的出行方式更加多样化；④汽车共享使用频率与绿色出行时间长度呈正相关，即使用频率越高，绿色出行时间越长。基于以上研究，汽车共享在出行方式多样化及发展绿色出行方面起到催化剂的作用，是提高出行多样化及促进可持续发展交通的重要因素之一。

【关键词】共享汽车；出行多样化；绿色交通；可持续发展交通

【作者简介】

汤靖雯，女，硕士，南昌市交通规划研究所，助理工程师。
电子信箱：276958953@qq.com

共享单车与地形数据融合研究

——以济南市为例

郝晓丽　刘贵谦　林本江

【摘要】本文以海量共享单车数据为基础，利用 Python 及数据分析软件包，对原始数据进行筛选、清洗，得出济南市共享单车年两、骑行距离、骑行时耗、骑行速度、骑行次数等基本特征。随后，利用地理分析软件 ArcGIS 对共享单车订单数量、速度和地形数据进行融合，并通过 SPSS 和 Excel 等统计分析软件分析其相关性，并得出订单量与道路坡度的拟合模型。通过该研究，刻画出自行车出行特征与地形数据的关系，为后续自行车网络规划和自行车通道坡度的选择提供一定的支撑。

【关键词】共享单车；地形数据；ArcGIS；SPSS

【作者简介】

郝晓丽，女，硕士，济南市规划设计研究院，工程师。电子信箱：jnhxl2014@126.com

刘贵谦，男，硕士，济南市规划设计研究院，工程师。电子信箱：871201112@qq.com

林本江，男，硕士，济南市规划设计研究院，工程师。电子信箱：150534413@qq.com

轨道交通接驳骑行路径选择影响研究

蒋　源　乔俊杰

【摘要】研究基于上海市杨浦区互联网租赁自行车的历史接驳骑行数据，采用有序 Logit 模型检验了路段建成环境及道路设施两大类因素对接驳轨道交通骑行者路径选择的影响情况。研究结果表明，周边居住用地与商业用地比例、开发强度越高，道路等级越高，慢行设施越完善，自行车道路权越大的路段，越能吸引骑行接驳者。此外，研究基于统计回归分析权重值，进行接驳骑行路径空间优化的优先级的研究，研究结论可为接驳骑行空间的营造提供一定的指导。

【关键词】轨道交通接驳骑行；互联网租赁自行车；影响分析；Logit 模型

【作者简介】

蒋源，男，硕士，成都市规划设计研究院，助理工程师。电子信箱：nojiangpai@163.com

乔俊杰，男，硕士，成都市规划设计研究院，工程师。电子信箱：3061215688@qq.com

共享自行车使用特征与融合发展问题

——南京案例

陈学武　曹　锴　李文慧　陈文栋　华明壮

【摘要】本文针对公共自行车与共享单车的融合发展问题，基于南京市主城区的公共自行车及摩拜单车订单数据，利用 GIS 技术对共享自行车使用时空特征进行可视化分析，并根据公共自行车站点服务覆盖范围将共享单车出行划分为互补性出行与竞争性出行，分析两者使用时空分布上的异同性。研究结果发现两者使用特征在空间上存在较大差异，各个区域共享自行车服务模式应因地制宜。公共自行车更适用于高峰时段需求流向更为集中、轨道交通接驳需求较大的区域，而共享单车更适用于开发强度较大、用地混合度较高，需求流向空间分布更为分散的城市中心区域。以使用时空特征分析结果为基础，从细分市场、错位竞争，合理配置停车设施、规范停车秩序，统一平台、加强管理三方面提出融合发展策略。研究结果可对融合发展背景下的共享自行车运营服务、停放设施规划提供一定的参考。

【关键词】公共自行车；共享单车；使用特征；融合发展；南京

【作者简介】

陈学武，女，博士，东南大学交通学院，教授。电子信箱：chenxuewu@seu.edu.cn

曹锴，男，在读硕士，东南大学交通学院。电子信箱：

875932912@qq.com

李文慧，女，学士，东南大学交通学院。电子信箱：2529607374@qq.com

陈文栋，男，硕士，东南大学交通学院。电子信箱：943882761@qq.com

华明壮，男，在读博士，东南大学交通学院。电子信箱：2580412143@qq.com

项目来源：国家自然科学基金重点项目"现代城市多模式公共交通系统基础理论与效能提升关键技术"（51338003）

基于多源数据的南京市主城区
共享单车分布状况研究

王　炀

【摘要】共享单车作为一种便捷、高效、绿色的新型出行方式，是解决城市短距离出行和"最后一公里"难题的重要工具。但共享单车短期内爆发式增长、饱和式投放、无序竞争的发展态势，也对城市交通运行管理和规划发展带来了严峻压力和挑战。本文基于共享单车数据、百度热力图数据等多源数据，以南京市主城区为研究范围，借助 ArcGIS、Excel 等工具从城市总体范围、主要道路沿线、地铁站周边三个层次对共享单车分布状况进行剖析，得出南京市主城区的共享单车分布呈现一定的时空规律和分布不均衡现象，并在此基础上提出初步建议，以为城市的共享单车运营公司、城市的规划者和管理者提供借鉴。

【关键词】共享单车；大数据；南京市；分布状况；慢行交通

【作者简介】

王炀，男，在读硕士，澳门城市大学创新设计学院。电子信箱：u18091105019@cityu.mo

区域共享单车停放量短期预测方法研究

陈 绵 陈 龙 彭 翔

【摘要】区域共享单车停放量预测，是实现区域共享单车预警与运营调度的前提条件。采用层次聚类以及 K-mean 聚类结合的分析法对研究区域进行分类，分析不同类型区域共享单车停车特征，并以自回归求和滑动平均（ARIMA）与神经网络预测法为基础，建立区域共享单车停放量短期预测模型。结果表明，ARIMA 与 BP 神经网络组合模型相比于传统的 ARIMA 模型拟合效果较好，组合模型较好地实现了共享单车停放量的预测，是实现短期预测的有效方法。

【关键词】停放量预测；共享单车；聚类分析；ARIMA；神经网络

【作者简介】

陈绵，女，硕士，上海浦东建筑设计研究院有限公司，助理工程师。电子信箱：2277454024@qq.com

陈龙，男，硕士，上海浦东建筑设计研究院有限公司，高级工程师。电子信箱：22919035@qq.com

彭翔，男，硕士，同济大学建筑设计研究院（集团）有限公司，助理工程师。电子信箱：2287408985@qq.com

信号控制交叉口的行人过街机理研究

王　鹏

【摘要】行人是交通参与者中的弱势群体，信号控制交叉口处交通环境复杂，对其周边的行人过街设施优化具有重要意义。文章先对行人过街内在机理进行了简单的阐述，然后对行人绿灯时间感知及行人过街环境时空感知进行调查研究，并分析其内在机理。

【关键词】行人过街机理；信号控制交叉口平面行人过街设施；行人绿灯时间

【作者简介】

王鹏，男，硕士，江苏省城市规划设计研究院，工程师。电子信箱：475578536@qq.com

城市人行立体过街设施选址评估研究

姚 琳

【摘要】本文从人车冲突问题入手，分析人行立体过街设施的合理选址，提升慢行交通的出行品质。以厦门市思明区的 34 座立体过街设施为研究对象，通过分析出行者过街的交通特性，结合用地吸引力强度、周边公交站点客流量、与交叉口的距离远近、过街设施设置形式、服务的道路类型等立体过街设施的影响因素，对过街设施的使用情况进行评估，并提出立体过街设施设置条件的建议，确定立体过街设施的选址方案，为城市人行立体过街设施的优化调整提供了科学的指导。

【关键词】人行立体过街设施；选址评估；用地类型；公交客流

【作者简介】

姚琳，女，硕士，厦门市交通研究中心，助理工程师。电子信箱：395431072@qq.com

旧城慢行复兴策略研究

——以构建武昌古城老年友好型
慢行交通系统为例

邹 芳 邓 帅

【摘要】旧城是城市历史文化的沉淀区，拥有城市最重要的商业、文化、医疗和教育等资源和各具特色的窄路密网路网系统。然而随着城市化进程加快，其窄路密网的路网格局已经不能承担其集聚的各种资源带来的机动车流量的发展，旧城行车难、行路难的问题突出，旧城活力逐渐丧失。根据国际经验显示，构建以"慢行+公交"为主的交通模式是缓解旧城交通拥堵的有效方法。本文通过在武昌古城内构建"老年友好型"20分钟慢行优质圈，加强古城慢行系统建设，重塑旧城交通系统，合理引导小汽车的使用，以达到优化区内交通出行结构，同步提升机动化交通效率和慢行出行品质。

【关键词】旧城；老年友好；慢行复兴；策略研究

【作者简介】

邹芳，女，硕士，武汉市规划研究院，工程师。电子信箱：348453866@qq.com

邓帅，男，硕士，武汉市规划研究院，工程师。电子信箱：652485344@qq.com

07　城市停车与充电设施

城市 CBD 的整体停车配建规模优化对策

——以西咸新区沣东商务区为例

徐　雷　刘　冰　金　涛

【摘要】城市中央商务区具有高强度开发和高出行需求的"双高"特点，若大量采用小汽车方式将加重路网运行负荷，同时产生极大的地下停车空间开发成本。本文从交通效率和建设经济的双重视角出发，以反向调控道路拥堵和合理控制地下空间层数为目标，提出"基于公交服务强度折减、混合功能建筑停车共享、超高层建筑独立核算"的综合停车配建优化方法；针对停车需求较大地块，进一步采取异地建设和设置机械车位两种形式来避免车库加层。结合西咸新区沣东商务区案例对本方法进行实例应用，表明与现行停车配建指标相比停车位可显著减少，且能够降低道路拥堵水平。

【关键词】CBD；停车配建；异地建设；地下空间

【作者简介】

徐雷，男，硕士，上海同济城市规划设计研究院有限公司，城市空间与交通规划设计所副总工程师，工程师。电子信箱：devics@163.com

刘冰，女，博士，同济大学，博导，教授。电子信箱：liubing1239@tongji.edu.cn

金涛，男，硕士，上海同济城市规划设计研究院有限公司，工程师。电子信箱：960180048@qq.com

南京市停车系统规划修编
技术研究

【摘要】近年来国家不断出台指导意见，系统性地对停车设施的规划、建设、运营和管理提出了更高的要求。新常态背景下的城市发展要求对停车系统规划进行优化和调整，全面提升城镇化的质量和水平。因此，各大城市需要针对既有的停车系统规划进行修编。本文以南京市停车系统规划修编为例，首先分析了停车系统规划修编必须重视的城市发展特征，系统地阐述了南京停车发展面临的六大"变化"和四个"不变"。其次，明确了停车规划修编的针对性思路，以及基于上轮规划实施评估的重点内容。最后，梳理了南京市停车规划修编的创新与特色。针对南京市停车系统规划修编的研究，对全国其他地区大城市停车系统的发展具有一定的借鉴意义。

【关键词】大城市停车；规划修编；规划评估；数据抓取

【作者简介】

吴才锐，男，硕士，江苏省城市规划设计研究院，高级工程师。电子信箱：335325430@qq.com

夏胜国，男，硕士，江苏省城市规划设计研究院，高级工程师。电子信箱：335325430@qq.com

深圳市机械式立体停车管理政策改革探索

王辰浩　　高作刚

【摘要】针对目前国内因为机械式立体停车设施的定位不明确，导致部门职责不清、行业发展受阻等问题，深圳市在总结各地先进管理经验教训的基础上，在优化管理机制、明确建设性质、实现项目全过程监管闭环和推动行业向高端智能发展等四个问题上进行了改革探索，在立法保障和体制机制保障方面有创新性突破，形成一套操作简明、流转高效的机械式立体停车项目管理体系，对其他城市有重要的借鉴意义。

【关键词】机械式立体停车管理政策改革；认定建设性质；全过程管理；简化流程

【作者简介】

王辰浩，男，硕士，深圳市城市交通规划设计研究中心有限公司，工程师。电子信箱：chenhow-wang@hotmail.com

高作刚，男，硕士，深圳市城市交通规划设计研究中心有限公司，高级工程师。电子信箱：54497497@qq.com

深圳市停车差异化分区与调控政策

高作刚　吕国林　王辰浩　白云鹏

【摘要】本文基于深圳市现行交通指数分区、停车收费分区、停车规划配建分区、交通综合治理分区，以交通需求调控为核心，动静态交通结合为手段，采取以静制动调控策略，考虑城市不同地区的用地特征、交通基础设施水平、交通出行特征、交通运行状况、低碳排放等要素建立统一的停车调控管理 "红黄绿"分区，提出差异化的停车配建政策、停车收费政策、停车管理政策。

【关键词】停车管理分区；停车需求管理；停车政策

【作者简介】

高作刚，男，硕士，深圳市城市交通规划设计研究中心有限公司，高级工程师。电子信箱：54497497@qq.com

吕国林，女，本科，深圳市城市交通规划设计研究中心有限公司，高级工程师。电子信箱：lgl@sutpc.com

王辰浩，男，硕士，深圳市城市交通规划设计研究中心有限公司，工程师。电子信箱：chenhow-wang@hotmail.com

白云鹏，男，硕士，深圳市城市交通规划设计研究中心有限公司，工程师。电子信箱：852992430@qq.com

区域多停车场的共享泊位预订
分配模型研究

杨 博 张 磊 殷瑞琴

【摘要】本文在共享停车策略下，为实现对区域内多停车场泊位进行的合理分配，在综合分析运营方收益、需求用户停车选择影响因素的基础上，建立以系统效益最大化的 0-1 规划模型，并提出运营方收益、用户满意度、资源利用效率三方面的评价指标。通过将模型求解结果与先到达先服务（FCFS）模式下的分配结果对比发现，当停车位供给小于需求时，模型分配结果能将系统收益提高 15% 以上，车位时间利用率能提高 3.33% ~ 4.93%，且保证用户满意度不受较大影响，有效解决了区域内多停车场的共享泊位分配问题。最后，引入熵权法对不同拒绝惩罚因子取值得到的车位分配方案进行客观评价，为确定不同供需规模下拒绝惩罚因子的合理取值提供理论依据。

【关键词】城市交通；共享停车；0-1 规划；泊位分配；熵权法

【作者简介】

杨博，男，硕士，深圳市城市交通规划设计研究中心有限公司，工程师。电子信箱：1649687202@qq.com

张磊，男，硕士，深圳市城市交通规划设计研究中心有限公司，工程师。电子信箱：240433536@qq.com

殷瑞琴，女，硕士，中国城市规划设计研究院深圳分院，工

程师。电子信箱：670177143@qq.com

项目来源：深圳市战略性新兴产业发展专项资金 2018 年第二批扶持计划（深发改〔2018〕1491 号）

电动汽车充电设施发展模式及规划布局思考

李晓庆　张翼军　李炳林

【摘要】随着能源和环境问题日益突出，新能源电动汽车因其节能、环保等优点在各大城市迅速兴起。充电设施作为电动汽车的关键基础设施，是未来电动汽车得以进一步发展的重要前提。本文对充电设施的类型及特征进行梳理总结，参考国内外经验，结合各类电动汽车驾驶特征和电量补充需求，对各类电动汽车的充、换电模式进行探讨，并提出公交车、乘用车公共充电桩（站）规划布局以及换电站控制预留的原则和思路，对其他城市充电设施的规划布局具有借鉴意义。

【关键词】电动汽车；充电设施；充换电模式；规划布局；换电站

【作者简介】

李晓庆，女，硕士，长沙市规划勘测设计研究院，工程师。电子信箱：1156273942@qq.com

张翼军，男，硕士，长沙市规划勘测设计研究院，工程师。电子信箱：376989450@qq.com

李炳林，男，硕士，长沙市规划勘测设计研究院，高级工程师。电子信箱：86791011@qq.com

基于微观仿真的地下车库交通组织方案评价

胡晓丹　　刘诗棠　　戴剑敏　　柯博欣

【摘要】为缓解城市老城区停车难问题，各城市大力推进地下车库建设，随之而来的地下车库内部交通拥堵、秩序混乱等问题，引起诸多学者的关注，但目前针对交通组织方案比选定量分析的研究较少。本文结合地下车库交通组织的既有研究，系统分析了地下车库交通组织方案设计的关键问题，提出一种定量评价地下车库交通组织方案的方法，并以厦门市双十中学枋湖校区地下车库交通组织方案比选为例，借助 VISSIM 仿真软件，选取平均行程时间、平均延误时间、平均排队长度、平均行程速度作为评价指标，采用模糊层次分析法综合比较不同交通组织方案的优劣。研究结果表明该方法可行，可为后续类似城市地下车库建设提供依据。

【关键词】交通仿真；地下车库交通组织；模糊层次分析

【作者简介】

胡晓丹，女，硕士，厦门市市政工程设计院有限公司，助理工程师。电子信箱：704574868@qq.com

刘诗棠，男，本科，厦门市市政工程设计院有限公司，工程师。电子信箱：963712370@qq.com

戴剑敏，男，硕士，厦门市市政工程设计院有限公司，助理工程师。电子信箱：1215295826@qq.com

柯博欣，男，本科，厦门市市政工程设计院有限公司，工程师。电子信箱：285766343@qq.com

纯电动货运车辆充电设施空间
布局规划探讨

——以深圳为例

【摘要】在党的十九大报告及《"十三五"能源规划》中，提出了推进绿色发展，构建清洁低碳、安全高效的现代能源体系。新能源汽车作为构建绿色能源体系，打造绿色出行的重要一环，得到了国家到地方政府的大力支持及推广普及。其中深圳市在 2015～2018 年期间，先后实现了全市出租车、公交车的新能源电动化，并开展推进货运车辆新能源电动化。但在推进货运车辆电动化的过程中，出现了充电设施建设不足、充电设施难使用等问题。本文以深圳为例，探讨纯电动货运车辆应用需求及充电设施空间布局规划，确保货运车辆纯电动化可行性及充电设施布局可行性。

【关键词】纯电动货车；新能源；充电设施；深圳

【作者简介】

王晓波，男，本科，深圳市规划国土发展研究中心，工程师。电子信箱：183505668@qq.com

胡家琦，男，硕士，深圳市规划国土发展研究中心，工程师。电子信箱：541651703@qq.com

菏泽市电动汽车充电设施规划
布局对策探讨

尹茂林

【摘要】本文针对国内外汽车产业发展趋势及电动汽车销售量、历年保有量的情况进行分析，随着全球传统燃油汽车产业逐渐下滑，电动汽车保有量曲线式快速增长，将成为未来新能源汽车、节能汽车的主力军；通过阐述充电设施与加油站、公共停车场的相同点、不同点，分析了充电设施与加油站存在此消彼长、逐步取代的关系，与公共停车场存在相互依附、互为同步的关系。通过对菏泽市城区电动汽车保有量、充电设施建设等现状情况进行分析，得出菏泽市存在政策落实不到位、规划实施不到位、供给严重不足的问题。以上述分析论证为依据，提出了菏泽市充电设施规划布局指导思想，在此基础上提出了菏泽市应采取"分散式充电桩为主，集中式充（换）电站为辅""充分利用加油站、公共停车场建设充电设施""专用型以配建为主，公共型以独立为主""节约集约利用土地，建设立体式充（换）电站""区域分类差别化供给"等应对措施。

【关键词】电动汽车；充电桩；充换电站；布局；菏泽市

【作者简介】

尹茂林，男，工程硕士，菏泽市自然资源和规划局，党组书记，副局长，研究员。电子信箱：yml6601@126.com

上海破解"停车共享难"思路和实践

施文俊　黄　臻　张　宇

【摘要】"十二五"期间，上海各区已经开始陆续探索停车共享，虽取得一定进展，但也面临 3 个方面的突出难点。为了更好地全面推进停车共享工作，完成"十三五"期间的停车共享目标，针对这些难点，本研究提出了 6 个方面的破解思路。并结合 2017、2018 年的上海停车共享工作进行了实践，初步取得了良好的效果，为今后停车共享的进一步实施、推进提供了宝贵的经验。

【关键词】停车；停车共享；错峰停车；居住区

【作者简介】

施文俊，男，本科，上海市城乡建设和交通发展研究院，办公室主任，高级工程师。电子信箱：swj126@sina.com

黄臻，女，硕士，上海市城乡建设和交通发展研究院，高级工程师。电子信箱：nicothuang@126.com

张宇，男，本科，上海城市综合交通规划科技咨询有限公司，工程一部经理，高级工程师。电子信箱：gilbertzhang@sina.com

停车楼规划项目决策阶段财务分析与预测

——以天津市空港经济区某停车楼项目为例

吕慧慧

【摘要】停车楼项目建设投资较大，投资回收较困难。在停车楼项目决策阶段，全面分析项目建设期和运营期的支出与收入，探讨增加停车楼财务收入的各种方法，预测模拟项目运行情况，计算项目的财务盈利能力和贷款偿还能力，全周期多角度分析停车楼项目的可行性，为出资人（包括政府、私人企业、投资人等）提供辅助决策意见。

【关键词】停车楼；全周期成本；盈利能力；贷款偿还能力

【作者简介】

吕慧慧，女，本科，天津市城市规划设计研究院，高级工程师。电子信箱：84069596@qq.com

基于路网容量约束的天府新区
CBD 停车问题研究

杨桥东　姜　浩　陈　曦　崔晓天　杨译俊

【摘要】城市中央商务区用地开发强度高，按照传统停车配建指标规划停车位，可能造成区域小汽车使用量与路网承载力不匹配。既有研究中大多采用"时空消耗法"对区域停车位供应总量进行约束，"时空消耗法"侧重于分析路网物理总容量，难以反映重要瓶颈路段对区域路网容量的影响。采用基于"交通分配法"的路网容量约束模型，能够得到更准确的区域路网容量，从而计算得到最大停车位供应量。本文以成都天府新区中央商务区东区为研究对象，对比分析"时空消耗法"与"交通分配法"的分析结果，最后给出基于路网容量约束的停车配建指标。

【关键词】停车规划；路网容量；时空消耗法；交通分配法

【作者简介】

杨桥东，男，硕士，成都天府新区规划设计研究院有限公司，工程师。电子信箱：243836483@qq.com

姜浩，男，硕士，成都天府新区规划设计研究院有限公司，工程师。电子信箱：2570468499@qq.com

陈曦，男，本科，成都天府新区规划设计研究院有限公司，教授级高级工程师。电子信箱：491244287@qq.com

崔晓天，男，博士，深圳市城市交通规划设计研究中心有限公司，高级工程师。电子信箱：176028539@qq.com

杨译俊，男，本科，深圳市城市交通规划设计研究中心有限公司，工程师。电子信箱：277610779@qq.com

北京市道路停车电子收费服务
第三方巡查及效果评估

邵　娟

【摘要】本文以北京市缓解交通拥堵行动计划和机动车停车管理条例为工作依据，研究通过政府购买第三方服务模式缓解停车难题，为特大城市停车综合治理提供新思路。首先根据道路停车电子收费服务主要影响因素，制定现场巡查方案，明确巡查要求、巡查内容、评价指标及方法；其次，从巡查对象、分析内容、停车问题总结等方面进行现场巡查分析；最后，以东四片区、金融街片区为试点区域，通过停车入位率、跨位停车率、违停率、违停贴条率、车位施划率、电子收费覆盖率、收费设施覆盖率等指标的常态化连续巡查结果，说明现场巡查能有效提升停车综合治理效果。

【关键词】城市道路停车；电子收费；停车秩序；第三方服务；现场巡查

【作者简介】

邵娟，女，硕士，北京交通工程学会，工程师。电子信箱：
shaojuan17@163.com

08 交通枢纽

成都骡马市多线换乘枢纽规划设计方法研究

楚　倡　乔俊杰

【摘要】随着城市轨道交通的加速建设，轨道线路逐步成网，多线换乘枢纽站线路间的换乘也成为轨道出行常态，换乘站作为轨道交通大客流集散的重要节点，其站点地下空间设计方案与地上综合交通设施的布局成为枢纽站详细设计的关键所在。本文从成都市骡马市枢纽站的规划设计实践出发，从站点现状发展、功能定位、客流运能预测、场站空间规划设计、综合交通设施布局等方面综合阐述其规划设计过程，为多线换乘站的规划编制提供参考和借鉴，也为站点 TOD 开发与运营奠定良好的基础。

【关键词】多线换乘站；客流预测；场站空间规划；综合交通布局

【作者简介】

楚倡，男，硕士，成都市规划设计研究院，工程师。电子信箱：413304476@qq.com

乔俊杰，男，硕士，成都市规划设计研究院，工程师。电子信箱：3061215688@qq.com

南京空港枢纽经济高质量发展策略研究

梁　浩　曹小磊　何世茂　彭　佳　王　鹏

【摘要】随着国家级临空经济示范区的批复，推动空港枢纽经济高质量发展已成为南京提升城市首位度、实现产业转型升级的重要抓手。论文通过对标找差，从交通、产业、体制机制三个维度梳理现状南京空港枢纽经济的制约短板，分析"一带一路"倡议、长江经济带、长三角区域一体化发展等国家战略下，南京空港枢纽经济的发展机遇和挑战，在此基础上，从提升综合交通体系、优化产业空间布局、完善管理保障措施三个方面提出实现南京空港枢纽经济高质量发展的策略。

【关键词】空港枢纽经济；高质量发展；综合交通；产业布局

【作者简介】

梁浩，男，硕士，南京市城市与交通规划设计研究院股份有限公司，工程师。电子信箱：lianghao_seu@163.com

曹小磊，男，硕士，南京都市产业促进中心。电子信箱：88192124@qq.com

何世茂，男，本科，南京市城市与交通规划设计研究院股份有限公司，研究员级高级城市规划师。电子信箱：353807159@qq.com

彭佳，男，博士，南京市城市与交通规划设计研究院股份有限公司，高级工程师。电子信箱：123041446@qq.com

王鹏，男，硕士，南京市城市与交通规划设计研究院股份有限公司，助理工程师。电子信箱：1821944626@qq.com

新形势下国际航空枢纽集疏运体系研究

——以哈尔滨太平机场为例

潘　跃　汪　卓　巴俊颖

【摘要】为适应新形势下国际航空枢纽的发展需求，本文以哈尔滨太平机场为例，对机场集疏运体系进行研究。将机场客流划分为航空客流、迎送人员和机场工作人员三类，并分别对近远期各类客流的吞吐量进行预测。应用重力模型预测出客流在中心城区、市域、省内其他和东北地区等地的分布情况，基于多项 Logit 回归构建客流出行方式分担率预测模型，得到近远期出行交通结构。结合预测数据和现状交通运行状况，对机场集疏运体系展开规划研究，提出"三横三纵"的骨架道路网、分阶段建设的轨道交通机场线和哈西站至机场高速铁路等规划方案。

【关键词】国际航空枢纽；集疏运体系；重力模型；Logit 模型；交通结构

【作者简介】

潘跃，男，硕士，哈尔滨市城乡规划设计研究院，助理工程师。电子信箱：892488326@qq.com

汪卓，男，硕士，南京市城市与交通规划设计研究院股份有限公司，高级工程师。电子信箱：249527735@qq.com

巴俊颖，女，硕士，黑龙江省城市规划勘测设计研究院，工程师。电子信箱：604854535@qq.com

轨道站点周边地下空间开发
分级方法研究

谭　月　管娜娜　李　星

【摘要】围绕轨道站点的 TOD 综合开发，地下空间是核心支撑骨架，不同轨道站点的地下空间开发呈现不同的特征，在开发规模、连通范围上也存在较大差异。本文从轨道站点周边地下空间的特征入手，研究影响轨道站点地下空间开发的相关因素，提出轨道站点周边地下空间开发分级的体系，为确定地下空间的综合利用模式提供支撑。

【关键词】轨道站点；地下空间；分级体系

【作者简介】

谭月，男，研究生，成都市规划设计研究院，工程师。电子信箱：546304836@qq.com

管娜娜，女，研究生，成都市规划设计研究院，工程师。电子信箱：463594192@qq.com

李星，男，研究生，成都市规划设计研究院，高级工程师。电子信箱：358283537@qq.com

城市轨道交通站点周边地下
公共空间组织模式研究

管娜娜　谭　月

【摘要】轨道交通建设的飞速发展为城市地下空间开发提供了良好的契机，国内各大城市均在推进轨交通场站综合开发工作，以期推动城市高质量发展和绿色发展。本文以东京、香港、深圳三个城市的轨道站点地下公共空间作为研究对象，梳理不同站点的地下空间建设规模、站点周边的城市功能以及空间布局形态，在此基础上提炼出"放射状"、"轴+放射状"、"网络状"三种轨道交通站点周边地下公共空间组织模式。上述三种组织模式能够与轨道站点所在的区位、城市功能中心体系、周边的用地功能、轨道站点的类型相匹配，从而为轨道交通站点地下空间开发和综合开发提供技术支撑。

【关键词】城市轨道交通；轨道站点；地下公共空间；组织模式

【作者简介】

管娜娜，女，硕士，成都市规划设计研究院，工程师。电子信箱：463594192@qq.com

谭月，男，硕士，成都市规划设计研究院，工程师。电子信箱：546304836@qq.com

虹桥枢纽内外换乘一体化
安检问题及对策

朱 洪 谢 辉

【摘要】虹桥枢纽涉及铁路、长途、航空以及轨道等多种交通，在长三角一体化发展背景下，虹桥枢纽要求内外交通一体化联动发展，要求各种交通方式实现高效衔接，以保证枢纽客流及时、快速、高效的疏散。在虹桥枢纽内实施内外换乘交通一体化安检是实现高效衔接重要途径之一。本文针对虹桥枢纽乘客内外换乘交通客流特征，梳理了虹桥枢纽内外换乘一体化安检存在客流、交通组织、交通管理以及安全风险等方面问题，并结合虹桥枢纽未来发展趋势与要求，进而提出统筹考虑、分步实施、统一标准、联动引导等一体化安检解决对策。

【关键词】虹桥枢纽；内外换乘；一体化安检

【作者简介】

朱洪，男，硕士，上海市城乡建设和交通发展研究院，教授级高级工程师。电子信箱：simonwx@126.com

谢辉，男，博士，上海城市综合交通规划科技咨询有限公司，高级工程师。电子信箱：xiehui110@126.com

超大城市潜力地区"车站城"发展对策研究

——以深圳市光明城站为例

吴友奇　何晓延　庄世广

【摘要】为了确保交通效率,我国传统铁路车站的建筑内部普遍排斥商业配套。但要使铁路车站成为人民群众喜闻乐见的城市公共场所,则需要补充以商业配套为主的城市功能。本文从车站建设资金模式入手,分析了自有资金主导、外部资本参与两种模式下的铁路车站的运营效果,研究了铁路车站建筑的交通功能与城市功能的平衡点,提出了4点空间发展原则:全过程安全、交通引导建筑空间、为新技术预留改造空间、培养"到车站消费"的市场习惯;并结合深圳市光明城站项目,提出5点空间设计对策:候车空间转变为服务空间、整体动线紧凑化、建筑表皮日常化、站台避让城市地面交通、车站向外布置人行天桥和地下通道。

【关键词】铁路车站;站城一体;车站城

【作者简介】

吴友奇,男,硕士,深圳市城市交通规划设计研究中心有限公司,工程师。电子信箱:404096770@qq.com

何晓延,男,大专,深圳市城市交通规划设计研究中心有限公司,助理工程师。电子信箱:253907299@qq.com

庄世广，男，大专，深圳市城市交通规划设计研究中心有限公司，助理工程师。电子信箱：768211232@qq.com

铁路客运枢纽旅客标志信息量度量方法

林 俊 徐良杰

【摘要】伴随着我国基础设施建设的高速发展，城市铁路客运枢纽在国内大量出现。现有铁路客运枢纽建筑结构往往较为复杂，旅客在枢纽内部需要依靠标志寻找正确路径，而标志数量过多、过乱的问题，往往影响旅客在铁路客运枢纽内部的换乘效率。因此，本文从旅客可接受信息量角度，结合我国人体数据及标志设计物理数据确定了旅客在铁路客运枢纽内部标志设置的最大信息量水平。

【关键词】铁路客运枢纽；换乘衔接设计；信息量；标志设置

【作者简介】

林俊，男，硕士，湖北省城市规划设计研究院，市政一所副所长，工程师。电子信箱：327643076@qq.com

徐良杰，女，博士，武汉理工大学，教授。电子信箱：690807178@qq.com

都市区轨道交通站点衔接换乘设施配置研究

——以无锡轨道 3 号线惠山站为例

姜玉佳

【摘要】轨道交通作为引导都市区空间结构演变的主导交通方式，其站点衔接换乘交通设施的合理配置有利于提升轨道交通的服务深度与广度，论文总结分析了国内外都市区轨道交通站点的分类标准，在综合考虑站点功能与周围土地利用的基础上，结合空间圈层特性与换乘枢纽功能，提出了轨道交通站点分类标准，并给出了基于不同类型轨道站点的换乘设施配置指引与规模测算方法。

【关键词】都市区；轨道交通；换乘设施；规模测算

【作者简介】
姜玉佳，女，硕士，江苏省城市规划设计研究院，工程师。
电子信箱：307503759@qq.com

南京空港的品质化发展策略研究

曾祥龙　黄　昶

【摘要】南京禄口国际机场是江苏的门户机场，也是江苏民航发展的龙头，受益于长江三角洲城市群、长江中下游经济带、扬子江城市群、皖江城市群快速发展的优越条件，伴随地方综合交通基础设施的完善和快速轨道交通的发展，迎来了新的发展机遇。然而，2018 年，禄口机场年旅客吞吐量为 2858 万人次，位列全国第 11 位，与排名第 10 位的杭州萧山机场客流量差距接近千万人次，旅客吞吐量与旺盛的客货运需求并不相符。本文从南京空港的品质化发展角度出发，基于机场现状、定位与发展规划，通过案例研究、数据分析等方法，提出面向市场、提升航空服务品质，联动联运、增强区域辐射能力，点面结合、完善区域集疏运体系，共生共赢、实现腹地机场合理化分工等多条发展策略，为禄口机场的品质化发展提出有效参考。

【关键词】航空运输；南京空港；集疏运；发展策略

【作者简介】

曾祥龙，男，硕士，南京市城市与交通规划设计研究院股份有限公司，助理工程师。电子信箱：404409068@qq.com

黄昶，男，本科，南京市城市与交通规划设计研究院股份有限公司，工程师。电子信箱：378964576@qq.com

中小城市高铁站点交通接驳
策略研究与实践

——以莱西北站为例

赵贤兰　郑晓东　房　涛

【摘要】高铁站点功能逐步实现由单一交通功能站点向综合交通枢纽转变。中小城市高铁站点交通衔接规划应向立体化、集约化方向发展。本文在总结高铁枢纽站点转变的基础上，以莱西北站交通衔接规划为例，提出高铁站点交通接驳策略，为中小城市高铁站点交通衔接提供一种规划设计思路。

【关键词】中小城市；高铁枢纽；交通衔接

【作者简介】

赵贤兰，男，硕士，青岛市城市规划设计研究院，工程师。电子信箱：784726967@qq.com

郑晓东，男，硕士，青岛市城市规划设计研究院，工程师。电子信箱：15762289937@139.com

房涛，男，硕士，青岛市城市规划设计研究院，高级工程师。电子信箱：13573838289@139.com

轨道交通车站立体接驳系统研究

关士托　王啸君

【摘要】本文研究了城市核心商务区轨道交通车站"最后一公里"接驳问题，总结出商务区轨道交通客流具有通勤客流集中到发、商务客流全天分布、商业休闲客流晚高峰集聚和早晚高峰时段集中到发客流接驳需求强烈的特征；针对高峰时段集中到发客流和商务区高密度开发的特点，提出了包含空中、地面和地下的轨道交通车站立体接驳系统，实现空间集约、交通高效。以上海市龙阳路中片区商务区为例，指出其轨道交通站点覆盖率不足的问题，研究了基于轨道交通车站的立体接驳系统组成和交通分担情况，为同类型商务区轨道交通车站接驳系统设置提供了新的思路。

【关键词】商务区；轨道交通；立体接驳系统；最后一公里

【作者简介】

关士托，男，硕士，上海市城市建设设计研究总院（集团）有限公司，助理工程师。电子信箱：guanshituo@163.com

王啸君，男，本科，上海市城市建设设计研究总院（集团）有限公司，高级工程师。电子信箱：wangxiaojun@sucdri.com

地铁枢纽智慧化建设研究

黄愉文　张　凯　张永捷

【摘要】本文针对地铁枢纽常态化客流管控效力弱、乘客出行体验差等问题，开展地铁枢纽智慧化建设研究，为地铁枢纽更新换代及疏运提质增效提供指导。首先分析了地铁枢纽智慧化建设在感知体系建设、数据应用、业务系统划分、跨部门协同联动等方面存在的问题。其次结合大数据等新技术应用特性，提出顺应新兴技术变革、推动管理精细化和服务个性化的地铁枢纽智慧化发展策略。最后围绕方案制定、应用实施到成效评估的地铁枢纽智慧化建设全过程，重点对应用系统建设方向、差异化试点方案和地铁枢纽智慧化评价指标体系三个方面提出建设思考。

【关键词】地铁枢纽智慧化；应用系统建设方向；差异化试点方案；评价指标体系

【作者简介】

黄愉文，男，硕士，深圳市城市交通规划设计研究中心有限公司，助理工程师。电子信箱：huangyw@sutpc.com

张凯，男，硕士，深圳市城市交通规划设计研究中心有限公司，工程师。电子信箱：zhangkai@sutpc.com

张永捷，男，硕士，深圳市城市交通规划设计研究中心有限公司，工程师。电子信箱：zhangyjie@sutpc.com

项目来源：深圳市战略性新兴产业发展专项资金 2018 年第二批扶持计划（深发改〔2018〕1491 号）

旅客空地联运模式演变及发展对策

陆晓华

【摘要】旅客联程运输可充分发挥各种运输方式的比较优势，提高综合运输组合效率，改善旅客出行体验，对于推进交通运输供给侧结构性改革，促进现代综合交通运输体系发展，建设人民满意交通具有重要意义。本文从空地联运的概念与意义入手，基于国内外经验案例分析了空地联运的主要模式以及民航与铁路的竞合关系，从联运产品、平台、服务等方面提出我国枢纽机场空地联运发展的建议。

【关键词】旅客空地联运；空铁联运；联程运输；联运产品

【作者简介】

陆晓华，男，硕士，深圳市城市交通规划设计研究中心有限公司，高级工程师。电子信箱：luxh@sutpc.com

国内外轨道站点综合开发经验及规划应用研究

——以成都市为例

曾 霞

【摘要】全球轨道交通站点综合开发经历几十年的发展，东京、香港、深圳等城市的综合开发经验为业界津津乐道。这些城市的先进经验主要体现在对轨道站点进行分级分类综合开发，引导站点周边形成圈层式的用地布局，从人本角度出发，打造互连互通的地下通道网络、立体化的慢行系统以及无缝接驳设施等几个方面。本文通过对这些城市的综合开发先进经验进行深入剖析，从轨道站点分级差异化综合开发耦合城市中心体系，加强用地功能混合促进站点与城市融合发展，地下、地面、地上空间一体化开发，慢行系统的打造和接驳设施的布局等几个方面总结了适合成都轨道站点综合开发实际的可借鉴经验。

【关键词】站点分级分类；圈层布局；地下空间；慢行系统；换乘接驳

【作者简介】

曾霞，女，硕士，成都市规划设计研究院，工程师。电子信箱：845300213@qq.com

广州南站综合交通枢纽优化提升研究

王　帅　徐士伟

【摘要】广州南站从 2010 年建成以来，客流量增长迅速，旅客发送量占到全市的 60%，未来几年还会进一步增长。但是广州南站综合交通枢纽在集疏运系统、交通衔接设施、站房本体和运营管理上却存在各种问题，不能满足旅客高品质的出行要求。本文全面总结广州南站综合枢纽现状存在的问题，以满足旅客出行需求、提升出行体验为核心，提出枢纽优化提升的对策，确保广州南站与广州中心城区及珠三角各地便捷、高效连接，同时将广州南站打造为高效率、高品质、站城一体的全国铁路示范枢纽。

【关键词】综合交通枢纽；升级改造；广州南站

【作者简介】

王帅，男，本科，广州市交通规划研究院，助理工程师。电子信箱：1510157062@qq.com

徐士伟，男，硕士，广州市交通规划研究院，教授级高级工程师。电子信箱：390353624@qq.com

"站城一体"理念下地铁站点地区引导体系

——以沈阳市地铁为例

郭大奇　李政来

【摘要】本文借鉴国内发达城市地铁规划建设实践经验，结合沈阳地铁建设及规划情况，以即将建设的地铁9、10号线为研究对象，从轨道交通站点周边土地利用与交通换乘一体化的角度，针对地铁站点区位特征和功能特征，从两个不同的空间层面进行优化研究。在站点影响区空间层面，划分站点管理单元类型，提出用地结构、开发强度、换乘设施、路网细化、步行体系六要素，并对不同功能单元进行一体化引导和控制；在区域空间层面，根据老城区、新区、新城区不同单元区位特征，对不同区位的站点单元提出一体化的引导和控制要求，最终形成差异化和针对性的"功能分类"引导体系和"单元分区"引导体系，以有效促进沈阳9、10号线地铁及后续地铁开发建设。

【关键词】站城一体；地铁；站点单元；土地利用；引导体系

【作者简介】

郭大奇，男，硕士，沈阳市规划设计研究院有限公司，教授级高级工程师。电子信箱：1027437630@qq.com

李政来，男，硕士，沈阳市规划设计研究院有限公司，高级工程师。电子信箱：1027437630@qq.com

天津西站铁路综合客运枢纽
交通提升策略研究

张凤霖　李　科　陈富昱

【摘要】大型铁路综合客运枢纽是城市的窗口与名片，本文结合天津市当前正开展的"三站一场"地区城市治理相关工作，系统分析了天津西站枢纽功能定位、内部设施布局特征及交通组织模式，深入剖析了当前车站在运营使用中人气不足、旅客出行体验差等突出问题。本文结合城市总体规划及地区城市设计定位，以提升枢纽地区活力为导向，从站城融合、空间改善、功能完善三方面提出综合改善策略，以期提升城市形象、改善旅客出行体验、激发枢纽地区的城市价值。

【关键词】天津西站；综合客运枢纽；交通综合提升策略

【作者简介】

张凤霖，男，硕士，天津市城市规划设计研究院，工程师。电子信箱：393961212@qq.com

李科，男，本科，天津市城市规划设计研究院，高级工程师。电子信箱：17214611@qq.com

陈富昱，男，本科，天津市城市规划设计研究院，高级工程师。电子信箱：393961212@qq.com

基于换乘需求特征的轨道交通
站点分级与优化

周　航　陈学武

【摘要】本文针对轨道交通与常规公交换乘站点的衔接优化问题，基于南京市轨道交通与常规公交 IC 卡刷卡数据，从换乘需求和衔接性能两个维度分析轨道交通站点差异性，创新性地根据换乘需求特征划分轨道交通站点换乘衔接优先级，并提出针对性衔接优化对策。不同优先级站点的优化对策不同，优先级越高，乘客对于站点时空衔接性能的要求越高，应优先考虑与常规公交站点的衔接优化。另外，通过对南京市轨道交通站点衔接性能评价，发现南京市 II、III 和 IV 级站点评价结果与所提衔接性能要求基本一致，少量站点需对应加强衔接，而 5 个 I 级站点的空间衔接水平明显较低，亟须空间衔接优化。研究结果对轨道交通与常规公交换乘衔接性能评估及待优化站点的选取和针对性优化具有一定参考价值。

【关键词】轨道交通；常规公交；换乘需求；站点分级；衔接优化

【作者简介】
周航，女，在读硕士，东南大学交通学院。电子信箱：
220173048@seu.edu.cn
陈学武，女，博士，东南大学交通学院，教授。电子信箱：
chenxuewu@seu.edu.cn

项目来源：国家自然科学基金重点项目"现代城市多模式公共交通系统基础理论与效能提升关键技术"（51338003）

城市对外综合交通枢纽内外
衔接时耗的研究

王忠强　程　微

【摘要】本文以上海虹桥综合枢纽为例，探究城市铁路客站和航空的复合枢纽在集疏运配套中应遵循的时耗原则。基于枢纽选址和集疏运配套要综合考虑枢纽到达、综合体内部衔接换乘、在枢纽等待三个环节的时耗的观点，调查了虹桥枢纽旅客时耗特征，与城市居民平均出行特征相比较，分析具体的评价指标。从虹桥枢纽来看，其集疏运平均时耗 1 小时，与中心城居民通勤出行平均时耗比 1.45，主体集疏运工具轨道交通时耗比为 1.1。国内各城市可以根据自身城市的特点，选择适合自己的评价指标值。

【关键词】综合交通枢纽；内外衔接；时耗

【作者简介】

王忠强，男，博士，上海市城乡建设和交通发展研究院，总工程师，高级工程师。电子信箱：wzqqzw2013@163.com

程微，女，硕士，上海市城乡建设和交通发展研究院，高级工程师。电子信箱：future312@163.com

机场航空器地面交通流的随机
演化机理研究

闵佳元　张亚平　邢志伟　罗　晓　罗　谦

【摘要】近年来，伴随着社会经济的飞速发展，航班数量与旅客流量均大幅度的增长，枢纽机场面临着巨大的运行压力，为了有效提高机场终端区的运营管理效率，减少高峰期间航班队列的延误时间，本文采用数据挖掘技术（Data Mining，DM）对机场运行指标及机场航空器地面交通流相关基础数据进行处理分析，得出机场运行参数的统计分布特性，获得了机场各运行指标之间的关联关系，进而归纳分析出机场航空器地面交通流的随机演化机理，为机场管理者决策的制定提供一定的依据。

【关键词】航空器地面交通流；数据挖掘技术；随机演化机理；机场运行指标；关联关系

【作者简介】

闵佳元，男，硕士，南京市城市与交通规划设计研究院股份有限公司，助理工程师。电子信箱：946841476@qq.com

张亚平，男，博士，哈尔滨工业大学交通科学与工程学院，教授，博士生导师。电子信箱：zxlt0905@163.com

邢志伟，男，博士，中国民航大学，研究员。电子信箱：13352032781@189.cn

罗晓，男，硕士，中国民用航空总局第二研究所，研究员。电子信箱：caacsri_lx@163.com

罗谦，男，博士，中国民用航空总局第二研究所，高级工程师。电子信箱：caacsri_luoqian@163.com

北京大型铁路客运枢纽客流特征分析

史芮嘉　茹祥辉　马　洁　刘李红

【摘要】铁路客运枢纽是衔接城市对外交通与城市内部交通的重要节点，客流特征对指导枢纽规划设计管理工作具有重要意义。本文以北京站、北京西站、北京南站三大现状运营铁路客运枢纽为例，分析了三大枢纽的客流总量变化趋势、时间和空间分布特征；基于进出京乘客问卷调查，分析了铁路枢纽乘客构成、出行目的、出行频次以及接送需求；在分析三大枢纽的交通接驳特征基础上，重点研究了主要接驳方式（地铁）的接驳总量、时间分布和 OD 特性。铁路客流具有规模大、节假日大客流常态化、脉冲式到达、全天候等特点，对车站服务提出了更高质量的要求，需要做好轨道保障、空间保障和应急保障。铁路枢纽在接驳规划中应考虑多种交通方式在时间和空间上的衔接，接入城市轨道交通，并保障充足的轨道交通输送能力，同时做好突发大客流应对措施。

【关键词】铁路；客运枢纽；客流特征；出行特征；交通接驳

【作者简介】

史芮嘉，女，博士，北京市城市规划设计研究院，工程师。电子信箱：shi_ruijia@126.com

茹祥辉，男，硕士，北京市城市规划设计研究院，高级工程师。电子信箱：xianghuiru@sohu.com

马洁，女，博士，北京交通发展研究院，工程师。电子信箱：415449511@qq.com

刘李红，女，博士，中国共产党北京市委党校，讲师。电子信箱：1156885008@qq.com

中国与欧洲空铁枢纽服务比较研究

李思雨　李兴华　王　洧

【摘要】随着我国高速和城际铁路网络的不断完善，空铁一体枢纽陆续建成，铁路成为一种新兴的机场路侧交通方式，但空铁枢纽的衔接与高品质服务尚在初级阶段。欧洲在空铁一体枢纽及空铁联运方面发展较早，经验丰富，如法兰克福机场、巴黎戴高乐机场等都是成功经营多年的案例。本文通过比较研究的方法，基于铁路服务范围对空铁枢纽进行分类，分别选取我国和欧洲规模相近且具有代表性的空铁枢纽，比较不同类别空铁枢纽的设施和服务特征。我国目前空铁枢纽基础设施较为完善，但票务、商业、行李等针对旅客空铁衔接旅客的服务明显落后于欧洲，特别是对于拥有长途高铁站的几个枢纽机场，服务内容与品质均有较大提升空间。

【关键词】枢纽；高铁；空铁联运；机场；服务品质

【作者简介】

李思雨，男，在读硕士，同济大学交通运输工程学院。电子信箱：1731293@tongji.edu.cn

李兴华，男，博士，同济大学，教授。电子信箱：xinghuali@tongji.edu.cn

王洧，男，硕士，同济大学，副研究员。电子信箱：wangwei10@tongji.edu.cn

基于旅客动线的老城地区火车站
交通改善研究

——以镇江火车站北广场及周边地区
改造提升工程为例

戴维思

【摘要】随着高铁时代的到来，许多城市高铁站出现客流井喷的现象，而很多早期铁路运输就比较发达的城市，高铁站选择在老城地区火车站原址扩建，火车站地区兼顾枢纽交通与城市交通，加之功能集聚、资源有限、设施陈旧造成交通矛盾日益突出。因此本文以老城地区的火车站为研究对象，梳理其基本交通特性、存在共性问题以及适用优化策略。尤其以旅客动线为着眼点，从交通需求、设施布局、交通组织、运营管理四方面重点阐述了老城地区火车站的交通改善与提升方法。最后以镇江火车站北广场及周边地区改造提升工程为例，通过实例验证老城地区火车站交通改善与提升方法的可操作性和应用成效。

【关键词】老城地区；火车站；交通改善

【作者简介】

戴维思，女，硕士，镇江市规划设计研究院，高级工程师。电子信箱：43045246@qq.com

09 交通治理与管控

大型体育赛事交通风险评估及对策研究

——以重庆市国际马拉松赛为例

马红江

【摘要】目前国内城市大型体育赛事举办越来越频繁，但缺乏一个赛事期间的交通风险评估规范。赛事期间的交通风险难以预控，赛事期间的交通压力越来越大。本文依据相关研究，以重庆国际马拉松为例提出大型体育赛事交通风险评估的因素和流程，并从交通管控、检录区域、人员疏散及交通恢复等方面提出针对性的改善对策，以确保大型体育赛事期间的交通风险可控。

【关键词】交通风险；交通管控；事件

【作者简介】

马红江，男，硕士，重庆市市政设计研究院，高级工程师。电子信箱：515976844@qq.com

基于 Synchro 的沿江道路
交通组织优化

闫章存

【摘要】本文为对城市中沿江道路交通进行合理组织，减少交通流冲突，降低道路整体延误，提高运行效率，对沿江道路结构形态和交通特征进行调查分析，基于对照实验思想设计沿江型道路信号协调控制方案的交通组织优化方法。利用 Synchro 仿真软件进行信号协调优化及评价，并对比优化前情况。结果发现考虑行人过街理想间距时路段总延误将降低 12.65%，考虑车辆行驶路径对沿江道路进行协调时路段总延误将减少 41.05%，表明该优化思路对沿江道路进行优化是有效的，行人过街和车辆行驶路径在交通优化时值得考虑。

【关键词】交通工程；交通组织；沿江道路；Synchro；对照实验

【作者简介】

闫章存，男，硕士，深圳市城市交通规划设计研究中心，工程师。电子信箱：1950141244@qq.com

城市骨干路网重大交通事故影响评估

——以上海中环事故为案例

李 岩 陈小鸿 陈 君

【摘要】城市交通网络中的骨干网络对城市的高效稳定运行起着重要的支撑作用，如城市快速路网、轨道网等。同时交通网络在运行过程中，面临着诸如重大交通事件、自然灾害、群体性事件等风险，可能使部分网络失效。目前对于部分网络失效后对整个网络运行造成的影响评估往往停留在模型层面，缺乏实际的案例进行印证和支撑。2016年5月23日上海市中环快速路的一个关键断面发生重大事故，导致单方向被封闭长达14天。本文利用事故前后为期一个月的快速路检测线圈的流量和车速数据，对事故发生之后对快速路网在时间和空间上的影响进行了评估，提出了事故空间范围的影响评估方法，以及不同替代路径上的影响特征，并在时间尺度上对路网受到影响进行分析，发现了事故发生后网络自我调节的三个阶段。

【关键词】骨干路网；重大事故；影响评估；影响特征

【作者简介】

李岩，男，硕士，中国城市规划设计研究院，助理工程师。电子信箱：610299508@qq.com

陈小鸿，女，博士，同济大学，教授。电子信箱：

tongjicxh@163.com

　　陈君，男，硕士，中国城市规划设计研究院，助理工程师。
电子信箱：453958567@qq.com

城市道路车头时距频率分布
模型建立与验证

刘海平　　周云月　　汪　卓

【摘要】车头时距是交通流的重要参数之一，影响着行车安全和道路服务水平。早期学者建立了各种车头时距频率分布模型来估算车头时距频率值，但只有少数模型考虑了交通流状态和汽车尾气排放。基于 M3 模型的思想，本文通过对不同交通流状态下（畅通/缓慢/拥挤）车头时距数据的定量分析，分别划分了三种交通流状态并建立了相应的车头时距分布模型，最终利用各交通流状态下 CO 排放量占混合交通流状态下的比例作为分配系数建立了混合交通流车头时距频率分布模型。通过卡方检验、与 M3 模型的对比以及交通量的计算验证了模型的有效性。

【关键词】城市路段断面；车头时距；交通流状态；CO 排放量；频率分布模型

【作者简介】

刘海平，男，硕士，南京市城市与交通规划设计研究院股份有限公司，助理工程师。电子信箱：854555141@qq.com

周云月，女，在读硕士，河海大学土木与交通学院。电子信箱：854555141@qq.com

汪卓，男，硕士，南京市城市与交通规划设计研究院股份有限公司，高级工程师。电子信箱：854555141@qq.com

自适应信号控制系统的发展与运用研究分析

褚浩伦

【摘要】本文主要研究了智能交通系统快速发展背景下自适应信号控制系统在美国发展情况，以达到了解国外先进系统，为我国自适应信号控制系统健康发展提供参考的目的。通过对ATCS 在美国运营的现状和效益评判，针对两大典型自适应信号控制系统 SCATS 与 SCOOT 进行深入分析，对其系统构成、运行机制、系统优化算法等关键内容进行详细的研究后，总结并分析了 SCATS 与 SCOOT 的特性。本文最后通过结合 ATCS 在中国的发展，在建立合理评价 ATCS 的体系，加大研发资金投入、政策推广等方面提出了合理的建议，为后续 ATCS 及 ITS 在中国的发展运用提供参考。

【关键词】自适应信号控制系统 ATCS；SCATS；SCOOT

【作者简介】

褚浩伦，男，硕士，上海市城市建设设计研究总院（集团）有限公司，助理工程师。电子信箱：chuhaolun@sucdri.com

智能交通收费技术探索与思考

韩广广　孙　超　林钰龙

【摘要】为解决城市交通面临的道路资源紧约束和交通拥堵常态化问题，国内外不同城市以智能交通手段为依托，在收费领域开展技术创新和实践以提升道路通行效率和出行服务水平。本文从智能交通收费技术的应用现状出发，重点研究高速公路ETC 收费、新加坡道路拥堵收费和伦敦中央拥堵区收费等方案的关键技术和策略支撑，探讨了车载设备和无车载设备两种模式下各种收费技术的局限性和适应性，结合新时期技术的演变趋势研判智能交通收费技术的发展方向，并从政策导向、制度保障、技术演进和应用服务等维度提出发展思考，以期为智能交通收费的应用拓展提供有益借鉴。

【关键词】收费技术；自由流收费；车载设备；电子不停车收费；拥堵收费

【作者简介】

韩广广，男，硕士，深圳市城市交通规划设计研究中心有限公司，工程师。电子信箱：1071696045@qq.com

孙超，男，博士，深圳市城市交通规划设计研究中心有限公司，同济大学道路与交通工程教育部重点实验室，副总工程师，高级工程师。电子信箱：649167196@qq.com

林钰龙，男，硕士，深圳市城市交通规划设计研究中心有限公司，工程师。电子信箱：625980797@qq.com

项目来源：深圳市战略性新兴产业发展专项资金 2018 年第二批扶持计划（深发改〔2018〕1491 号）

车辆路径规划问题主流求解框架对比分析

唐校辉　黎旭成　刘松灵　陈振武　王　卓

【摘要】车辆路径规划问题（VRP）广泛存在于交通出行、物流管理等领域。本文针对如何有效求解 VRP 问题，对目前主流的 VRP 求解框架进行了对比。首先对 VRP 及其变形问题进行介绍，总结了常用的 VRP 问题经典求解算法。其次介绍了三种主流的 VRP 求解工具，并基于 Solomon 标准数据集在不同约束条件下（车辆数、寻优步数、优化方法）对不同 VRP 框架进行仿真测试对比。最后基于易用性、运算效率、求解质量、社区活跃度和扩展性五个维度的评价指标对框架进行分析，得到各个框架的综合评定结果，该结果可为不同业务场景提供支持。

【关键词】车辆路径规划；VRP 求解框架；评价指标

【作者简介】

唐校辉，女，硕士，深圳市城市交通规划设计研究中心有限公司，工程师。电子信箱：tangxh2461@qq.com

黎旭成，男，博士，深圳市城市交通规划设计研究中心有限公司。电子信箱：xucheng.li@sutpc.com

刘松灵，男，硕士，华为技术有限公司，助理工程师。电子信箱：uestc_lsl@hotmail.com

陈振武，男，硕士，深圳市城市交通规划设计研究中心有限公司，科创中心主任，高级工程师。电子信箱：czw@sutpc.com

王卓，男，硕士，深圳市城市交通规划设计研究中心有限公司，工程师。电子信箱：wangz@sutpc.com

基于卷积神经网络和长短期记忆
模型的交通状态预测

黎旭成　唐校辉　王　卓　陈振武　耿东雪

【摘要】本研究提出一种新型分层深度学习模型 H-CLSTM-T，用以预测短期交通速度。模型结合卷积神经网络（CNN）和长短期记忆（LSTM）模型，首先通过深度卷积神经网络学习时空交通特征，然后将其输入至深度 LSTM 中学习时序学习，最后将分时和分日特征与 CNN-LSTM 模型中学习的时空特征相结合，得到交通量的季节变化趋势。通过利用深圳南坪快速路采集的速度及流量数据，将 H-CLSTM-T 模型与其他基准模型进行测试验证。实验结果表明，H-CLSTM-T 模型的性能明显优于其他模型。同时该模型具有较强的可扩展性，可通过增加天气、长期季节性数据及交通事件信息等附加特征进一步提升全网流量预测精度。

【关键词】卷积神经网络；长期记忆模型；短期交通速度预测

【作者简介】

黎旭成，男，博士，深圳市城市交通规划设计研究中心有限公司。电子信箱：xucheng.li@sutpc.com

唐校辉，女，硕士，深圳市城市交通规划设计研究中心有限公司，工程师。电子信箱：tangxh2461@qq.com

王卓，男，硕士，深圳市城市交通规划设计研究中心有限公司，工程师。电子信箱：wangz@sutpc.com

陈振武，男，硕士，深圳市城市交通规划设计研究中心有限公司，科创中心主任，高级工程师。电子信箱：czw@sutpc.com

耿东雪，女，本科，深圳市城市交通规划设计研究中心有限公司，助理工程师。电子信箱：gengdx@sutpc.com

项目来源：深圳市战略性新兴产业发展专项资金 2018 年第二批扶持计划（深发改［2018］1491 号）

不同因素对最后一公里出行行为
决策的影响分析

钱宇清　　王宇清　　黎旭成　　陈振武　　王　卓

【摘要】公共出行的"最后一公里"问题是许多城市交通系统面临的难题，而在有效衔接多种交通方式解决"最后一公里"问题，提升乘客出行体验的同时，需充分考虑不同因素对乘客出行行为的影响。本研究以深圳湾科技生态园最后一公里地铁站早高峰接驳班车数据为基础，并结合园区问卷调查，建立二项 Logistic 回归模型分析在温度、降雨、票价、出发时间等因素影响下，大型园区通勤员工最后一公里乘坐接驳班车行为是否受到影响，并观察在不同因素影响下，不同类型的人群在接驳班车出行行为的决策上是否存在不同，并分析其合理性。

【关键词】票价；出行行为；最后一公里；Logistic 回归

【作者简介】

钱宇清，女，硕士，深圳市城市交通规划设计研究中心有限公司，助理工程师。电子信箱：qianyq@sutpc.com

王宇清，男，硕士，深圳市城市交通规划设计研究中心有限公司，助理工程师。电子信箱：413022472@qq.com

黎旭成，男，博士，深圳市城市交通规划设计研究中心有限公司，工程师。电子信箱：xucheng.li@sutpc.com

陈振武，男，硕士，深圳市城市交通规划设计研究中心有限公司，科创中心主任，高级工程师。电子信箱：czw@sutpc.com

王卓，男，硕士，深圳市城市交通规划设计研究中心有限公司，工程师。电子信箱：wangz@sutpc.com

基于在线仿真的交通信号管控应用模式思考

周　勇　罗佳晨　陈振武　吴若乾　曾贤镜

【摘要】本文针对如何利用在线仿真技术实现从实时交通监测到动态交通管控的深化应用，梳理了在线仿真与交通管控应用的深度融合框架和关键技术。首先，整合交通管控系统的数据资源，建立实时在线仿真系统，实现交通运行监测与预警，并通过短时交通预测，提前知悉综合交通变化态势，实时发布预警交通信息。其次，根据交通运行状况识别关键流向，并利用交通出行需求和出行路径数据制定针对性的管控策略，通过仿真评估与实地运行评价进行控制效果反馈和自学习，支撑实时的信号优化应用，实时响应随机的交通出行需求和交通事件下的非常态交通变化。最终，形成"采集—研判—控制—评估"的业务闭环，让交通系统实现实时监督、自主诊断、自我优化的智慧化转型升级。

【关键词】在线仿真；交通预报；交通信号管控；交通事件管理

【作者简介】

周勇，男，硕士，深圳市城市交通规划设计研究中心有限公司，工程师。电子信箱：zhouyong@sutpc.com

罗佳晨，女，硕士，深圳市城市交通规划设计研究中心有限公司，工程师。电子信箱：luojc@sutpc.com

陈振武，男，硕士，深圳市城市交通规划设计研究中心有限

公司，科创中心主任，高级工程师。电子信箱：czw@sutpc.com

吴若乾，男，硕士，深圳市城市交通规划设计研究中心有限公司，工程师。电子信箱：wurq@sutpc.com

曾贤镜，男，硕士，深圳市城市交通规划设计研究中心有限公司，工程师。电子信箱：zengxj@sutpc.com

项目来源：深圳市科技计划项目（No.JSGG20170822173002341）

基于车辆出行链的城市交通控制策略研究

冯国臣　张新宇

【摘要】城市交通管理者在信号控制工作中，通常根据人工经验进行控制子区划分和控制策略制定，没有利用数据分析拥堵路段车辆的来源和去向，导致子区内部路口关联性不强，控制效果不及预期。本文首先利用浮动车和电子警察卡口数据进行融合，从浮动车高频率位置信息中计算每个时间窗内的电子警察卡口之间的出行时间，将普通车辆的出行轨迹进行了分离和补全，得到车辆完整的出行链数据；其次，基于车辆出行链数据分析车流运行的时空规律，按照常见控制子区划分出区域、树形和干线三类；最后，结合研究较为成熟的各类型控制策略与划分出的子区进行时空匹配。基于车辆出行链进行子区动态划分，进而匹配策略的方法，确保了子区内部路口间的强关联性，使控制策略落地运行更加稳定和高效。

【关键词】交通控制策略；车辆出行链；浮动车数据；电子警察数据；子区动态划分

【作者简介】
　　冯国臣，男，硕士，深圳市城市交通规划设计研究中心有限公司，助理研究员。电子信箱：fenggc0131@163.com
　　张新宇，男，本科，深圳市城市交通规划设计研究中心有限公司，副院长，助理研究员。电子信箱：zhangxiny@sutpc.com

不同事件道路交通运行影响与对策分析
——以深圳为例

李彬亮　　陈昶佳　　李细细　　丘建栋　　庄立坚

【摘要】为评估不同事件场景的交通拥堵影响，有效把握拥堵特征态势并进行针对性的交通管控，本文针对降雨、特殊活动、节假日、交通管制、施工、事故等不同场景的交通运行特征进行提取，分析评估深圳市不同事件场景下的拥堵态势特征，包括拥堵时空演变、拥堵指标、拥堵影响因素等，从不同时空维度剖析事件的交通拥堵影响和机理。通过对比不同事件场景在时间、空间和特征方面的差异，提出针对不同场景的拥堵改善策略，支持交通拥堵治理、特殊事件管制措施制定、市民出行指引等，有针对性地进行交通管理，提高交通运行效率。

【关键词】交通事件；交通拥堵特征；交通拥堵影响

【作者简介】

李彬亮，男，硕士，深圳市综合交通运行指挥中心，项目建设部部长，高级工程师。电子信箱：libl@sztb.gov.cn

陈昶佳，女，硕士，深圳市城市交通规划设计研究中心有限公司，工程师。电子信箱：chenchangjia@sutpc.com

李细细，女，本科，深圳市城市交通规划设计研究中心有限公司，助理工程师。电子信箱：lixixi@sutpc.com

丘建栋，男，硕士，深圳市城市交通规划设计研究中心有限公司，交通信息与模型院院长，高级工程师。电子信箱：

qiujiandong@sutpc.com

庄立坚，男，硕士，深圳市城市交通规划设计研究中心有限公司，工程师。电子信箱：zhuanglijian@sutpc.com

自动驾驶车辆系统的全过程
换道策略研究

冯琼莹

【摘要】现有研究中自动驾驶车辆的换道决策取决于换道意图的产生和换道条件的满足，很少与换道实施过程和换道完成状态联系起来，而且换道研究聚焦于单体车辆的换道实现，而非考虑交通系统运行情况。以换道车辆和受影响车辆构成的系统整体为控制对象，以换道决策到换道完成后整个过程为控制时间域，构建由预测层和决策层构成的双层换道控制策略。预测层基于模型预测控制理论预测系统协作换道过程，并向决策层输出行驶成本，决策层选取最优行驶成本，输出控制命令和控制输入。通过迭代数值算法求解数学模型，并在 MATLAB 上搭建仿真平台，定性分析参数与结果之间的关系，选择合适的参数进行快速路的场景模拟，验证换道策略的协作换道和决策换道功能。

【关键词】自动驾驶车辆；换道策略；模型预测控制

【作者简介】

冯琼莹，女，硕士，深圳市城市交通规划设计研究中心有限公司，工程师。电子信箱：f_qiongying@163.com

项目来源：深圳市科技计划项目（No.JSGG20170822173002
341）

基于无人机及深度学习的交叉口
交通特征分析

龚大鹏　　程晓明

【摘要】无人机视频目前正逐步用于交通领域中交通运行参数的采集，然而无人机视频的处理目前还主要停留于车辆检测的基础阶段。本文基于无人机拍摄的交叉口视频，通过当前流行的深度学习算法，建立机器训练机动车辆车型（客货车/公交车/出租车等）识别模型，使用训练后的模型识别通过交叉口机动车辆的车型，并开发车辆交叉口转向识别算法，研究交叉口交通运行特征并评价交叉口服务水平。通过与人工识别车型/转向/计数等数据对比，算法识别结果与人工识别结果误差率均低于 10%，在交通调查及交通管理与控制领域具有较好的适用性。

【关键词】无人机；深度学习；视频识别；交通特征；车型识别

【作者简介】

龚大鹏，男，硕士，南京市城市与交通规划设计研究院股份有限公司，工程师。电子信箱：dpgong@outlook.com

程晓明，男，硕士，南京市城市与交通规划设计研究院股份有限公司，高级规划师。电子信箱：232699227@qq.com

城市道路限制速度调整研究

——以杭州市为例

刘丰军　　熊满初　　朱满赢　　周艳昕

【摘要】限制速度作为约束驾驶行为的安全性指标，是城市道路限速管理的主要依据，限制速度的取值是否合理将直接影响城市道路的交通安全和通行效率。目前国内城市道路的限制速度大多直接套用其设计速度，这种做法在一定程度上造成了道路资源的浪费。从两种指标的含义和关系入手，研究以设计速度作为限制速度可能存在的问题。以杭州市为例，对城市道路限制速度调整方案的研究过程进行了介绍，并对提速一年后的运行效果进行评估，结果表明道路流量和运行车速均有不同程度提升，周边衔接路网运行稳定，交通安全情况未发生显著变化。

【关键词】交通工程；限制速度；设计速度；城市道路；调整

【作者简介】

刘丰军，男，硕士，浙江大学建筑设计研究院有限公司，市政交通分院副院长，高级工程师。电子信箱：13692428@qq.com

熊满初，女，硕士，浙江大学建筑设计研究院有限公司，助理工程师。电子信箱：1530464364@qq.com

朱满赢，男，本科，浙江大学建筑设计研究院有限公司，工程师。电子信箱：176064316@qq.com

周艳昕，女，本科，浙江大学建筑设计研究院有限公司，工程师。电子信箱：360111656@qq.com

基于微观仿真的匝道管控
方案思路研究

黄灿锐

【摘要】高快速路作为城市道路交通中大流量、长距离的主要服务通道，在高峰期间常承受较大的交通压力，其往往于匝道汇入交织区域形成拥堵瓶颈，为了保证高快速路主线方向的运行效率，对高快速路施行匝道管控（Ramp Meter）是较为有效的方法。但对高快速路进行匝道管控的同时，往往会影响到匝道周边路网的运行状况，故合理的匝道管控方案应该兼顾高快速路与周边路网的运行效率。本文以滨河大道春风高架匝道管控为例，结合拥堵时变图和 VISSIM 仿真实验，分析高峰拥堵蔓延特性，提出匝道管控方案，并通过周边道路影响分析，进一步提出优化建议，最终探索形成春风高架匝道高峰限行方案。

【关键词】匝道管控；VISSIM 仿真；影响评估；方案优化

【作者简介】

黄灿锐，男，本科，深圳市城市交通规划设计研究中心有限公司，助理工程师。电子信箱：huangcanrui@sutpc.com
项目来源：深圳市战略性新兴产业发展专项资金 2018 年第二批扶持计划（深发改〔2018〕1491 号）

杭州市交通拥堵治理策略演变及问题思考

胥 艺 楼 栋

【摘要】交通战略对城市交通发展影响深远，直接影响城市空间及人口格局，进而决定了交通的供给和需求模式。为解答下阶段中杭州市如何以公共交通空间满足为中心，做好交通资源的再分配这一问题，本文通过回顾近年来杭州市交通发展及治理的阶段特征，对城市交通现状发展进行供求关系的适应性分析，指出交通供给与需求、顶层设计等方面的关键性问题，从而得出在城市规模迅速扩张与存量发展并存的发展阶段，杭州交通发展的基本原则和方向。即在以人为本、公交优先、一体融合的战略指导下，通过实施城市规划引领、公交线网重构、定向增加供给和落实精细管理四大发展策略，逐步解答交通供给和出行需求之间呈现出的多层次的阶段性问题。

【关键词】交通拥堵治理；交通发展策略；公交优先；多网融合

【作者简介】

胥艺，女，硕士，杭州市交通规划设计研究院，工程师。电子信箱：624554128@qq.com

楼栋，男，本科，杭州市交通规划设计研究院，高级工程师。电子信箱：5737224@qq.com

快速路下桥口衔接大型环岛
拥堵机理与治理模式

王玉焕　夏　天　刘鑫山　魏秉瑞　庄秋实　刘　瑞

【摘要】城市高架快速路下桥口与地面大型环岛衔接段是快速交通与集散交通转换的重要区域，决定着快速路乃至整个道路系统的运行效率。该区域交通流量大、组成混杂、交织严重，交通组织难度大，针对该类型衔接区域拥堵机理与治理方法的研究较少。本文首先分析了快速路下桥口衔接大型环岛区域交通供需与运行特点；然后开展基于速度时空云图的拥堵点段识别与成因分析，建立六项拥堵成因库；其次，围绕拥堵成因，建立创新交通组织、优化信号管理、改善慢行品质、挖潜设施空间、强化公交优先、提升外部能力六类对策知识库，构建数据、评估、决策的闭环治理体系；最后，将该方法应用于长春市衔接快速路下桥口的大型环岛，并开展基于 VISSIM 的效果评估。结果表明，衔接区域通行能力将提高 10%以上。

【关键词】快速路；下桥口；大型环岛；交通特征；拥堵成因库；治理知识库

【作者简介】

王玉焕，女，硕士，深圳城市交通规划设计研究中心有限公司，助理工程师。电子信箱：yhwanghh@163.com

夏天，女，硕士，深圳城市交通规划设计研究中心有限公司，工程师。电子信箱：349487367@qq.com

刘鑫山，男，硕士，深圳城市交通规划设计研究中心有限公司，助理工程师。电子信箱：2952776112@qq.com

魏秉瑞，男，本科，深圳城市交通规划设计研究中心有限公司，高级工程师。电子信箱：57501954@qq.com

庄秋实，男，硕士，深圳城市交通规划设计研究中心有限公司，助理工程师。电子信箱：476071909@qq.com

刘瑞，男，硕士，深圳城市交通规划设计研究中心有限公司，助理工程师。电子信箱：214911854@qq.com

项目来源：国家重点研发计划"综合交通运输与智能交通"重点专项（No.2018YFB1601100）

交叉口绿末切换模式对驾驶行为的影响

翁旭艳　云美萍

【摘要】本文研究交叉口内绿灯、绿灯倒计时和绿闪对驾驶行为的影响，以改善交叉口安全效率的瓶颈问题。通过实地调查和驾驶模拟仿真的方法获取车辆运动参数，据此对比三种绿末切换模式下驾驶行为的差异。以两难区、速度波动和闯红灯率衡量驾驶行为，得出：绿灯、绿灯倒计时和绿闪模式下两难区 I 的长度分别为 15.83、−5.97 和 9.66 米，即驾驶人提前了解绿灯剩余时间，驶入两难区的可能性会更小。绿灯和绿灯倒计时模式下车辆速度随距离变化的波动较大；绿闪模式下车辆速度波动较小。不同绿末切换模式下的闯红灯率由高到低依次为：绿灯、绿灯倒计时、绿闪。综合各驾驶行为指标，推荐城市道路交叉口使用绿末切换模式为绿闪。

【关键词】驾驶行为；调查与仿真；绿末切换模式；两难区

【作者简介】

翁旭艳，女，硕士，深圳城市交通规划设计研究中心有限公司，助理工程师。电子信箱：2445951226@qq.com

云美萍，女，博士，同济大学交通运输工程学院，副教授。电子信箱：yunmp@tongji.edu.cn

城市道路人车感应控制方法研究

张凤霖

【摘要】本文以既有交通感应控制模式为基础，研究了兼顾行人与机动车出行需求的交通控制原理，确定了不同交通模式下控制参数及检测设备布置方法，并针对交叉口全感应控制方式、半感应控制方式以及路段感应控制方式等多模式提出系统工作流程，可为交通控制方法及管理模式优化提供一定的技术参考。

【关键词】城市交通；感应控制模式；行人；机动车

【作者简介】

张凤霖，男，硕士，天津市城市规划设计研究院，工程师。电子信箱：393961212@qq.com

智能网联汽车测试开放道路
选线及分级研究

李晓庆　刘　奇　李炳林　张平升

【摘要】随着智能网联汽车的快速发展，各企业对开放道路上的测试需求越来越迫切。本文在梳理和总结国内外智能网联汽车测试开放道路经验的基础上，提出测试开放道路四大选线原则，并构建面向智能网联汽车测试开放道路的交通综合复杂度评价指标体系，对测试道路进行定量分级，进而提出差异化的车辆开放要求和测试时间要求，在满足智能网联汽车测试需求的同时，尽可能保障测试道路的交通安全，对各城市开展智能网联汽车测试开放道路相关工作具有借鉴意义。

【关键词】智能网联汽车；测试开放道路；选线原则；测试道路分级；交通综合复杂度

【作者简介】

李晓庆，女，硕士，长沙市规划勘测设计研究院，工程师。电子信箱：1156273942@qq.com

刘奇，男，硕士，长沙市规划勘测设计研究院，高级工程师。电子信箱：70953008@qq.com

李炳林，男，硕士，长沙市规划勘测设计研究院，高级工程师。电子信箱：86791011@qq.com

张平升，男，硕士，长沙市规划勘测设计研究院，工程师。电子信箱：215728677@qq.com

城市出入口周边交通综合改善研究

王文华　赵　磊　叶建斌

【摘要】城市出入口是城市对外的交通窗口，是城市对外的客货运主要通道。针对城市出入口周边交通拥堵、秩序混乱、品质不高等问题，本文科学合理地建立了"点—线—面"三层次交通综合改善研究思路，本文构建一个安全、有序、高效的出入口周边交通环境，包括提升高速出入口节点通行能力、优化衔接道路交通设计、完善片区路网结构等内容。本文以佛山市南海区的广佛高速泌冲出入口为例，该出入口周边交通具有城市道路和城市对外交通的双重功能，结合"点—线—面"改善思路，针对现状具体问题提出改善策略和方案，指导后续工程方案设计。

【关键词】城市出入口；衔接道路；路网结构；交通改善

【作者简介】

王文华，男，硕士，深圳城市交通规划设计研究中心有限公司，工程师。电子信箱：785581950@qq.com

赵磊，男，硕士，深圳城市交通规划设计研究中心有限公司，高级工程师。电子信箱：zl@sutp.com

叶建斌，男，本科，深圳城市交通规划设计研究中心有限公司，助理工程师。电子信箱：yjl@sutpc.com

驾驶人换道行为对交通安全的影响研究

马鑫俊

【摘要】随着机动化的发展，私人小汽车的保有量不断增加，道路上的车辆情况也随之发生变化。整个道路交通系统是一个整体，体系中的任意一个条件发生变化都会导致整体出现不同。换道行为作为微观交通的基础行为之一，受交通流影响的同时，也会反作用于交通流。本文通过对换道行为的基本概念和作用机理等理论基础进行研究，分析了不同目的的换道行为和换道条件，进而研究了驾驶人换道行为对交通流产生的一些影响，为提高道路交通效率、保障交通安全提供了理论依据和相应的技术支持，同时也有利于相关管理部门进行交通的治理。

【关键词】变道；换道条件；交通流

【作者简介】

马鑫俊，男，本科，南京市城市与交通规划设计研究院股份有限公司，规划师。电子信箱：452839899@qq.com

哈尔滨市和兴路 HOV 车道设置方案研究

王连震　李亚茹　王宇萍

【摘要】现如今，城市道路的建设速度跟不上迅速增长的交通需求速度，由此而导致的交通拥堵、交通秩序混乱、交通事故频发等问题日益显著。如何在有限的道路空间内提高道路交通通行能力并缓解交通拥堵已经成为摆在我们面前的一大难题。大力发展公共交通、落实"公交优先"、结合交通需求管理策略等，是缓解道路拥堵的有效措施。基于这一思路，本文以哈尔滨市和兴路为例，通过对比分析 HOV 车道设置的基本条件，提出HOV 车道的设计方案，用 VISSIM 仿真软件模拟 HOV 车道实施前后的情况，并对实施前后的道路交通情况进行对比，得出在和兴路上实施 HOV 车道的可行性，进而得出在哈尔滨市主城区设计实施 HOV 车道的可能性，为解决哈尔滨市主城区的交通拥堵等问题提供可以借鉴的解决方案。

【关键词】交通拥堵；HOV 车道；VISSIM 仿真

【作者简介】

王连震，男，博士，东北林业大学，讲师。电子信箱：rock510@163.com

李亚茹，女，本科，东北林业大学。电子信箱：2993782047@qq.com

王宇萍，女，硕士，哈尔滨市城乡规划设计研究院，高级工程师。电子信箱：wangyuping004997@163.com

项目来源：国家自然科学基金项目（71701041）

信号交叉口交通状态综合评价研究

贺佐斌

【摘要】交叉口作为路网的最重要节点，其交通运行状态至关重要，运行受阻极易成为路段的瓶颈。本文选取饱和度、延误、排队长度为评价指标，引入交通仿真、多属性决策、模糊推理等方法建立交叉口交通状态综合评价模型，用聚类分析法修正隶属度函数，用博弈论对评价指标主客观权重进行线性融合。结果发现，优化后的评价模型更具科学性与适用性。

【关键词】信号交叉口；交通仿真；多属性决策；模糊推理

【作者简介】

贺佐斌，男，硕士，厦门市交通研究中心，助理工程师。电子信箱：846606291@qq.com

交通状态对车辆能耗与排放特征的影响

单肖年　郑长江

【摘要】城市机动车污染排放总量占城市污染排放总量的比重逐年增加。而车辆能耗及排放特征与机动车行驶工况特征密切相关。研究中首先分析了本地化车辆运行速度与车辆能耗因子及污染物排放因子的函数关系，其次论述了单位速度提升的车辆节能与减排效益，分析了不同道路设施不同车辆类型的环境效益临界速度，最后剖析了交通状态改善的车辆节能与减排效益。研究成果有助于厘清交通状态对车辆能耗与排放特征的影响，为道路交通管理部门提供环境视角下的交通状态改善策略效益评估方法。

【关键词】运行速度；车辆能耗与排放；服务水平；节能减排

【作者简介】

单肖年，男，博士，河海大学，讲师。电子信箱：shanxiaonian@hhu.edu.cn

郑长江，男，博士，河海大学，教授。电子信箱：zheng@hhu.edu.cn

城市相邻道路交叉口交通改善设计

——以温州市惠民路铁道口交通改善为例

【摘要】随着城市道路交通需求的日益增加，城市路网的交通压力日渐增大，城市道路交叉口作为交通运行的重要节点，其顺畅程度往往决定着整体的运行效率。目前，交叉口改善的途径方式多样，主要包含交叉口渠化调整、信号配时改善等。但往往只着眼于单个交叉口的优化，而忽略了与周边相邻交叉口的联动设置。本次研究主要结合温州市惠民路-温州大道南侧铁道口的交通组织改善研究项目，在充分开展现状调查的基础上，梳理现状相关交叉口所存在的问题，并针对相应通行情况和现状问题，提出相邻交叉口的机动车交通联动治理的解决措施，主要采取了单向交通组织方式、交叉口渠化改善、信号配时优化以及信号联动等措施，在最后实际实施过程中取得了良好的成效。

【关键词】通行能力；交叉口；单向交通；渠化改善

【作者简介】

余雅佩，女，本科，温州市城市规划设计研究院，助理工程师。电子信箱：379572102@qq.com

基于车辆行驶轨迹的紧凑型平面交叉口设计方法

蒋 锐

【摘要】针对平面交叉口设计中存在的转弯半径大、过街距离长等问题，本文提出过街距离最短的紧凑型设计方法。采用汽车工程学方法，模拟车辆转弯轨迹，确定人行横道、中分带和侧分带布置的最佳位置，设计出行人过街距离最短的紧凑型交叉口。实践表明，通过车辆行驶轨迹校核，能科学地设置人行横道、中分带和侧分带位置，缩短行人过街距离，提高交叉口的人性化设计水平。

【关键词】车辆轨迹；紧凑型交叉口；安全有序；人性化设计

【作者简介】

蒋锐，男，博士，上海城市综合交通规划科技咨询有限公司，工程师。电子信箱：905516478@qq.com

昆明融创文旅城近期交通组织
优化方案研究

徐　骏　潘明辰　叶晓雷　杨越尧

【摘要】近年来，昆明文旅、康养项目开发建设如火如荼，由于其开发业态综合多样、开发体量较大的特点，项目建成运营后产生大量旅居、康养客流，带动经济发展的同时也会造成一系列交通问题。2019 年 11 月昆明融创文旅城商业小镇和主题乐园即将开业，但片区路网建设严重滞后，城市配套基础设施与开业带来的客流严重不匹配，车辆、人行的交织给片区交通造成巨大压力。本文结合片区现状和上位规划，在对项目开业后交通量及停车需求进行预测的基础上，从多角度提出优化方案，通过多种措施协同作用，缓解项目巨大客流和片区道路建设滞后带来的交通问题。对昆明类似项目开发建设具有参考意义。

【关键词】交通组织优化；公共交通；主题乐园；路网建设滞后

【作者简介】

徐骏，男，本科，昆明捷城交通工程咨询有限公司，助理工程师。电子信箱：2041867014@qq.com

潘明辰，女，本科，昆明捷城交通工程咨询有限公司，助理工程师。电子信箱：2583688112@qq.com

叶晓雷，男，本科，昆明捷城交通工程咨询有限公司，高级工程师。电子信箱：31753972@qq.com

杨越尧，女，本科，昆明捷城交通工程咨询有限公司，助理工程师。电子信箱：372916851@qq.com

城市化进程中城镇交通内畅外达
改善方法研究

闵佳元

【摘要】随着城镇化、现代化、机动化的快速发展，"行车难、停车难、乘车难、行路难"等交通问题日益突显，城镇道路交通建设管理滞后，运行效率低下。在新型城市化背景下，为有效处理各乡镇交通拥堵问题、满足迅速膨胀的机动化出行需求，本次研究提出了"内畅外达"的交通改善方法，从对外出行和内部出行两层面对城镇交通进行综合治理，加强新农村建设地区与城市地区的交通联系，提高新型城镇的交通服务水平。

【关键词】新型城市化；交通拥堵；内畅外达；综合治理

【作者简介】

闵佳元，男，硕士，南京市城市与交通规划设计研究院股份有限公司，助理工程师。电子信箱：946841476@qq.com

广州市货运交通活动规律探究及城市限货管理的思考

张晓明　胡志赛　朴莲花

【摘要】城市货运交通因极难获取大样本出行数据，导致相关研究相对较少，本文依托珠三角城市重型载货汽车全样本出行轨迹数据，利用 Orcal 数据库+SQL 分析筛选技术，共对 1886 万条出行 OD 开展时空统计分析，结合统计年鉴、现状道路、用地、产业等数据，通过 ArcGis 可视化技术手段开展量化研究。广州重载货车活动规律：出行时间与居民出行规律基本一致，每日早出晚归和周末双休，建立货车各小时出行量预测模型；空间分布主要有 4 类区域，即广州机场铁路港口货运站、公路货运站、先进制造产业园区、汽车产业园区等区域，周边交通设施应重点完善与加强管理；区域联系上 53.6% 车辆在本市内部活动，对外联系最为密切的是佛山、东莞、清远等城市，对粤东、粤西辐射能力有待提升；货运通道以广州现有 13 条高速公路集疏运，广州市现有货车限行的政策与现状黄金围、林安物流等货运公路场站布局存在冲突，可能会导致"空间换时间""大车换小车""货车换客车"等新的社会问题。

【关键词】货运交通；多源大数据；时空分布；区域联系；货运通道；限货政策

【作者简介】

张晓明，男，硕士，广州市城市规划勘测设计研究院，交通

规划设计所所长，高级工程师。电子信箱：1124649@qq.com

胡志赛，男，硕士，广州市城市规划勘测设计研究院，工程师。电子信箱：443969068@qq.com

朴莲花，女，硕士，广州市城市规划勘测设计研究院，交通规划设计所总工，高级工程师。电子信箱：121818954@qq.com

城市双修理念下的交通改善工作路径探索

——以江西鹰潭市为例

王　倩　林凯旋

【摘要】在我国快速城市化进程中，城市建设粗放发展的旧模式带来了一系列城市病，因而城市发展亟须转变模式，注重提升人居环境品质，强化城市空间精细化建设与管理。通过生态修复、城市修补工作，治理城市病、改善人居环境，是转变城市发展方式的有效手段。针对城市发展中的交通问题，鹰潭市在城市双修过程中极其关注交通改善工作，致力于营造"有序、畅通、安全、绿色、文明"的城市道路交通环境。本文从鹰潭市道路交通现状问题分析入手，评价现状综合交通系统的适应性，阐述了城市双修中交通改善工作的主要内容，介绍了完善道路网络等级结构、优化公交场站设施布局、平衡动静交通矛盾、提升改造交通设施和交通管理与控制等的策略方法，并形成一批交通改善工程项目清单，以期为引导构建精细化的综合交通系统提供切实有效的实施路径。

【关键词】城市双修；交通改善；精细化

【作者简介】

王倩，女，硕士，北京清华同衡规划设计研究院有限公司长三角分公司，助理工程师。电子信箱：1623320433@qq.com

林凯旋，男，硕士，北京清华同衡规划设计研究院有限公司长三角分公司，副所长，工程师。电子信箱：778119000@qq.com

武汉市机动车减量化典型案例研究与启示

郑　猛　　佘世英

【摘要】长期以来，我国城市一直在机动化的道路上迅猛发展，机动车在提供便利的同时也侵蚀了大量的城市空间，陷入交通拥堵-治理（扩充道路）-再拥堵的怪圈。"机动车减量化"核心思路就是尽可能减少道路设施的供给，缩减城市空间和路权对机动车的分配，使得城市发展与人居环境重新回归以人为本的价值体系。然而，在城市交通做了几十年加法的情况下，如何做减法，在什么时候、将多少道路、哪些类型道路还路于何种目的出行的居民，同时还能保证交通系统的正常运转，正是新时期城市交通发展面临的新课题和新使命。本文剖析了机动车减量化的内涵及可行性，并结合武汉市两个典型案例和实践，做了初步研究与探索。

【关键词】机动车减量化；去机动化；中山大道；东湖绿道

【作者简介】

郑猛，男，本科，武汉市交通发展战略研究院，高级城市规划师。电子信箱：zmfly@163.com

佘世英，女，博士，武汉市交通发展战略研究院，高级城市规划师。电子信箱：jasminessy@163.com

复杂外部环境制约下城市道路
交叉口渠化设计

曹更立　朱先艳

【摘要】本文首先从渠化的内涵、渠化的内容、渠化的关键性原则，分析了交叉口渠化的本质。其次，分析了畸形交叉口与复杂外部环境交叉口渠化思路的区别，二者本质相同，出发点不同：畸形交叉口渠化思路以适应人的出行意愿为出发点，将复杂的形态转换为常规形态；复杂外部环境交叉口渠化思路以复杂的外部环境为出发点，将复杂环境中的限制性因素转化为非限制性因素，利用非限制性因素实现交通流的通行。最后以菏泽市长江路与定陶连接线交叉口为例，概述了交叉口的有关情况，分析了交叉口外部的复杂环境，继而从理顺定陶连接线、锁定重要限制性因素、概述交叉口渠化方案三个方面阐述了复杂外部环境交叉口渠化的思路与方法，以期为同类情况的交叉口渠化提供参考。

【关键词】复杂环境；限制性因素；交叉口渠化

【作者简介】

曹更立，男，硕士，菏泽市城市规划设计研究院，高级工程师。电子信箱：caogengli@126.com

朱先艳，女，硕士，菏泽市市政工程设计院，工程师。电子信箱：365245926@qq.com

中小城市大型活动期间交通组织实施模式探讨

——以珠海第十二届中国航展交通保障实践为例

路 超

【摘要】中国航展作为一项国家层面的专业型会展，是世界五大航展之一，是珠海这一中小城市的城市名片，其影响力更是无可比拟。在缺少大运量公共交通、城市路网、末端聚集等多种不利因素的影响下，珠海第十二届中国航展交通保障方案充分发挥并实践了需求管理、交通管控、公交优先的潜能，并为城市交通向集约化公共交通发展提供了实践案例。

【关键词】城市交通；大型活动；交通组织；交通管控

【作者简介】

路超，男，本科，珠海市规划设计研究院，综合交通规划所负责人，工程师。电子信箱：379525123@qq.com

10 交通分析与信息应用

基于手机信令数据对交通规划的应用与思考

——以哈尔滨为例

单博文 罗煦夕 庞连峰

【摘要】为丰富哈尔滨市交通基础数据，进一步探索城市中人的活动和分布规律，从整体趋势上判断城市职住空间关系及早晚高峰通勤规律，本文结合哈尔滨市手机信令数据进行采集分析并对其存在的误差及适用范围进行客观总结。首先，对哈尔滨手机信令数据进行采集对象、规模及质量分析；其次，指出全市范围常住人口及岗位人口分布特征，进一步筛选出有工作的常住人口的常住地及工作地分布及数量，举例分析出江北区域内常住人口职住联系强度的空间关系；第三，结合全市范围的通勤规律，进一步分析工作日的早晚高峰时段通勤 OD、通勤出行距离及指标对比；第四，结合哈尔滨市江北新区现状交通运行，分析不同年龄切片的人口及岗位聚集度，分析现状常规公交的覆盖率、越江交通分布量及江北重要 CBD 区域的居住就业地规律，进而提出下一步可进行优化的交通规划策略；最后，对手机信令数据的应用进行潜在误差分析，提出后续工作发展方向。

【关键词】手机信令数据；通勤交通；规划策略；潜在误差

【作者简介】

单博文，男，硕士，哈尔滨市城乡规划设计研究院，副高级

工程师。电子信箱：superka@163.com

罗煦夕，男，本科，哈尔滨市市政工程设计院，工程师。电子信箱：706063079@qq.com

庞连峰，男，硕士，哈尔滨市城乡规划设计研究院，工程师。电子信箱：527070165@qq.com

基于交通流理论的检测数据多元
函数补全方法

张　辉　李锁平　刘梦吉

【摘要】数据是研究交通系统、制定公路与城市道路运营及监管的基础，近年来交通数据的采集主要通过各类布设在道路的数据检测器进行自动获取的，然而，由于检测设备老化、传输线路故障等原因，道路检测器采集到的交通数据存在一定的质量问题。文章根据检测器的性质特点分析检测器易损数据类型，并基于现代交通流理论剖析检测数据之间的内在数学关系，通过构建多元函数并进行参数最优化标定，提出补全道路检测器速度数据的数学拟合方法。应用苏嘉杭高速公路历史数据对所提方法进行了验证，结果表明，该方法对检测器速度数据的平均填补精度达到 91.2%。文章提出的方法可以普遍应用在高速公路及城市道路，补全缺失和异常的交通数据，为交通研究和管理人员研究交通流运行特征，制定合理的管理策略提供支持。

【关键词】道路检测器；检测数据；交通流理论；多元函数拟合；数据填补

【作者简介】

张辉，男，硕士，南京市城市与交通规划设计研究院股份有限公司，助理工程师。电子信箱：q871817309@163.com

李锁平，男，硕士，南京市城市与交通规划设计研究院股份有限公司，总经理助理，院副总工，高级工程师。电子信箱：

45842137@qq.com

　　刘梦吉，女，硕士，泛华建设集团有限公司南京设计分公司，助理工程师。电子信箱：liumengji916@163.com

基于腾讯人口迁徙数据的城市群
协同共治研究

刘丙乾　　熊　文

【摘要】区域人口迁徙数据是直观反映区域城市间相互联系和城市吸引力的重要表征，围绕京津冀、长三角、粤港澳、成渝4个城市群人口迁徙数据，突破传统研究中小样本、低时效的不足。基于腾讯人口迁徙数据，分析 2018 年全年各个季度第一个月工作日、春节和典型周末人口迁徙特征。从人口迁徙选择方式、人口迁徙 OD 联系、城市联系度、中心度等维度，对 4 个城市群人口空间迁徙特征进行量化研究，并结合城市群之间横向对比，分析出各个城市群人口迁徙差别和城市群发展态势。最后，提出有益于区域协同发展的政策建议和意见。

【关键词】城市群；人口迁徙；协同共治

【作者简介】

刘丙乾，男，在读硕士，北京工业大学建筑与城市规划学院。电子信箱：185559680@qq.com

熊文，男，博士，北京工业大学建筑与城市规划学院，副教授。电子信箱：xwart@126.com

基于手机信令数据的旅游
活动特征研究
——以北戴河为例

冉江宇　刘　燕　郭　玥　伍速锋

【摘要】应用秦皇岛市联通手机信令数据，以北戴河地区为例，提出了面向局部片区旅游活动的数据处理步骤，初步构建了基于用户来源地分布和片区活动时空分布特征的旅游交通规划分析框架。数据分析结果表明，暑期的周末是北戴河地区外地用户聚集的高峰，来自京津冀地区和东北三省的游客构成客源主体。经过北戴河地区的当日往返用户和过夜用户在归属地构成、片区活动热点分布、最大活动半径和活动时间分布方面均存在差异，在规划引导策略上应当予以区分。相关特征分析结论能够有效支撑未来北戴河地区特征年游客规模的预测，提升交通基础设施规划方案制定的针对性。

【关键词】手机信令数据；旅游交通；北戴河地区；过夜用户；当日往返用户

【作者简介】

冉江宇，男，博士，中国城市规划设计研究院，高级工程师。电子邮箱：jaredhaha@163.com

刘燕，女，本科，北京当代科旅规划建设研究中心，助理工程师。电子邮箱：915356747@qq.com

郭玥，女，硕士，北京当代科旅规划建设研究中心，工程师。电子邮箱：14431671@qq.com

伍速锋，男，博士，中国城市规划设计研究院，高级工程师。电子邮箱：5517119@qq.com

北京市交通综合出行指数评价体系研究及示范

张 溪 温慧敏 孙建平 张一鸣

【摘要】随着城市的快速发展、居民对出行品质的追求不断提升，迫使传统交通治理模式向更为精细化、智慧化的方向转变，近年来城市道路交通拥堵评价得到了政府和社会的普遍关注，但是以"堵"为核心的评价与排名更多地吸引了社会对小汽车出行效率的关注，城市交通服务于全体市民，不同的出行方式服务于不同的群体和出行需求，在空间时间资源约束的情况下，交通规划和管理层面应关注的是全体出行者综合最优。本文提出了一种考虑交通系统全部出行方式的交通综合评价方法，提出了城市交通综合出行指数评价体系，考虑了两个维度：第一个维度直接以出行时间作为评价指数，该指数既可以反映出行者感受，也可以作为交通综合治理和城市交通发展水平的监测指标；第二个维度是考虑不同出行方式的运行特征和与服务对象，对地面公交、地铁、自行车、步行、小汽车分别提出各自的特征指数，可以支持市级、区级等部门交通综合治理效果评价等工作。

【关键词】交通综合评价方法；出行时间指数；特征指数

【作者简介】

张溪，女，本科，北京交通发展研究院，工程师。电子信箱：36389983@qq.com

温慧敏，女，硕士，北京交通发展研究院，副院长，教授级

高级工程师。电子信箱：wenhm@bjtrc.org.cn

孙建平，女，硕士，北京交通发展研究院，所长，教授级高级工程师。电子信箱：sunjp@bjtrc.org.cn

张一鸣，男，本科，北京交通发展研究院，助理工程师。电子信箱：zhangym@bjtrc.org.cn

基于多源大数据的城市出行特征研究

——以青岛市为例

王　振　张志敏　禚保玲　陈如梦

【摘要】道路网络中运行的公交车、小汽车及出租车能够实时反映城市的运行状态，是一个城市的基本脉动。本文选取公交刷卡数据、出租车 GPS 数据及车牌识别数据，运用大数据挖掘方法获取不同方式的出行矩阵，借助地图路线导航功能对不同出行 OD 进行线路规划。通过对路线导航结果进行居民出行特征分析，并从出行距离和时间两个方面得到以下结论：①9km 为居民出行选择公共交通和私家车的临界优势点，长距离出行选择私家车的频次更高；②公共交通的服务水平有待提高，公交与小汽车出行时间之比高于深圳市提出实施的"公交提速 1.5 战略"。

【关键词】多源数据；出行矩阵；路线导航；出行特征分析

【作者简介】

王振，男，硕士，青岛市城市规划设计研究院，工程师。电子信箱：2227840807@qq.com

张志敏，女，硕士，青岛市城市规划设计研究院，高级工程师。电子信箱：08010310126@163.com

禚保玲，女，硕士，青岛市城市规划设计研究院，工程师。电子信箱：08010310126@163.com

陈如梦，女，本科，山东建筑大学。电子信箱：2319565731@qq.com

城际铁路客流预测研究

——以滁宁城际为例

戴骏晨　史立凯　凌小静　韩竹斌

【摘要】城际铁路客流组成及产生机理较为复杂，进行科学建模并合理预测对规划设计及运营管理意义明显。基于传统四阶段交通建模方法，本文研究建立了城际铁路所涉城市一体化综合交通模型，并对各阶段进行精细化处理，包括阻抗模型的精细化校核、符合现实人口增长分布的增量人口模型、跨城职住分布模型、分人群的巢式 Logit 方式划分模型等。预测所得结果更符合实际，更能反映城际铁路所兼具的城际与城市交通功能。

【关键词】城际铁路；客流预测；交通建模；城际客流

【作者简介】

戴骏晨，男，硕士，中咨城建设计有限公司，工程师。电子信箱：270614250@qq.com

史立凯，男，硕士，南京航运交易中心，工程师。电子信箱：641920696@qq.com

凌小静，男，硕士，中咨城建设计有限公司，江苏分院院长，高级工程师。电子信箱：16788952@qq.com

韩竹斌，男，硕士，中咨城建设计有限公司，工程师。电子信箱：799981502@qq.com

深港跨界客流特征分析及
未来需求研判

罗天铭　黄启翔

【摘要】深港跨界交通面临通关政策、边检模式等制度不确定性因素的影响，难以直接利用传统的交通需求预测方法进行预测与判断。本文以深港跨界客运交通发展历程与阶段性特征的梳理和总结为基础，客观评估深港跨界交通需求预测与传统交通需求预测的差异，分析得出影响深港跨界交通发展的主要因素。结合深港两地科技创新产业集聚、人口老龄化凸显等未来发展趋势研判，设定高、中、低差异化战略前景，开展深港跨界交通需求分析与预测，为粤港澳大湾区背景下深港跨界交通发展提供理论支撑。

【关键词】深港联系；跨界交通；需求预测；多情境研判

【作者简介】

罗天铭，男，硕士，深圳市城市交通规划设计研究中心有限公司，工程师。电子信箱：luotianming0910@qq.com

黄启翔，男，硕士，深圳市城市交通规划设计研究中心有限公司，工程师。电子信箱：xianghonor@qq.com

5G 在智慧交通中的应用探索

刘 超 孙 超 叶 卿 张永捷

【摘要】随着 5G 的来临，智慧交通的时代拐点也已经出现。5G 将牵引新一轮技术融合创新，全面推动车联网、云计算、边缘计算及自动驾驶等技术的发展，全面赋能城市智慧交通建设，对交通信息化管理乃至整个交通行业带来深刻的变革。通过分析 5G 特点，结合交通运营管理中的具体场景，探讨 5G 在城市智慧交通建设中的应用前景，以期实现 5G 对智慧交通的全面赋能。

【关键词】5G；智慧交通；自动驾驶；车路协同

【作者简介】

刘超，男，硕士，深圳市城市交通规划设计研究中心有限公司，助理工程师。电子信箱：2454055363@qq.com

孙超，男，硕士，深圳市城市交通规划设计研究中心有限公司，同济大学道路与交通工程教育部重点实验室，高级工程师。电子信箱：sunc@sutpc.com

叶卿，男，硕士，深圳市城市交通规划设计研究中心有限公司，工程师。电子信箱：yeqing@sutpc.com

张永捷，男，硕士，深圳市城市交通规划设计研究中心有限公司，工程师。电子信箱：zhangyjie@sutpc.com

项目来源：深圳市战略性新兴产业发展专项资金 2018 年第二批扶持计划（深发改［2018］1491 号）

城市道路积水智能识别
系统研究及应用

丘建栋　　庄立坚　　姚崇富　　唐先马

【摘要】内涝严重威胁城市道路交通安全并加剧交通拥堵。为实现对城市整体路网积水点的动态监测，本文以深圳市为例，融合分析手机导航、公交 GPS 和气象监测数据，设计一种基于基本图模型的道路积水识别算法，构建了完整的城市道路积水智能识别系统。系统实现了道路交通气象监测预警、降雨影响评估、积水点管理、积水风险图、敏感路段分析和历史数据查询等高级应用功能，并在暴雨期间验证了积水点识别算法的准确性，可为城市管理部门提供及时的路况、天气和积水监测及预测信息，有力支撑暴雨天气的城市交通应急管理。

【关键词】暴雨天气；GPS 数据；基本图；积水识别；应用

【作者简介】

丘建栋，男，硕士，深圳市城市交通规划设计研究中心有限公司，交通信息与模型院院长，高级工程师。电子信箱：qiujiandong@sutpc.com

庄立坚，男，硕士，深圳市城市交通规划设计研究中心有限公司，工程师。电子信箱：zhuanglj@sutpc.com

姚崇富，男，硕士，深圳市城市交通规划设计研究中心有限公司，工程师。电子信箱：yaochongfu@sutpc.com

唐先马，男，硕士，深圳市城市交通规划设计研究中心有限

公司，工程师。电子信箱：737269682@qq.com

项目来源：国家重点研发计划"综合交通运输与智能交通"重点专项（No.2018YFB1601100）

基于 POI 数据的轨道交通周边用地功能演变研究

蒋　源　乔俊杰

【摘要】为探究轨道交通站点的建设对周边用地功能的影响情况，本文基于成都市轨道交通 4 号线沿线 2015 年及 2018 年的 POI 数据，从轨道交通线路及站点两个层面分析了轨道交通对周边用地功能影响情况。研究结果表明，轨道交通线路对其沿线用地功能类型具有不同强度的聚集效应，而轨道交通站点对其周边用地功能类型具有不同类型的聚集效应。

【关键词】轨道交通；用地功能；影响分析；POI 数据

【作者简介】

蒋源，男，硕士，成都市规划设计研究院，助理工程师。电子信箱：nojiangpai@163.com

乔俊杰，男，硕士，成都市规划设计研究院，工程师。电子信箱：3061215688@qq.com

基于 GPS 数据的货运特征分析

——以深圳市为例

潘嘉杰　丘建栋　张天怡　庄立坚　陈昶佳

【摘要】本文基于深圳市货车 GPS 数据对货车出行特征进行分析。首先，通过空间匹配技术将 GPS 数据与路网路段进行匹配绑定，并基于匹配结果数据提取货车行驶轨迹。其次，通过识别货车停留点提取货车多次出行的 OD 对，通过聚类识别货车集散区域点。最后，利用货车匹配数据和 OD 对计算货运量、OD 量、出行时长、通道流量等特征指标，从货运需求、运行特征和货运重点区域角度分析深圳市货车活动特点。

【关键词】GPS 数据；地图匹配；车辆轨迹；货运特征

【作者简介】

潘嘉杰，男，硕士，深圳市城市交通规划设计研究中心有限公司，工程师。电子信箱：panjjie@sutpc.net

丘建栋，男，硕士，深圳市城市交通规划设计研究中心有限公司，交通信息与模型院院长，高级工程师。电子信箱：qiujiandong@sutpc.com

张天怡，男，本科，深圳市城市交通规划设计研究中心有限公司，工程师。电子信箱：zhangty@sutpc.com

庄立坚，男，硕士，深圳市城市交通规划设计研究中心有限公司，工程师。电子信箱：zhuanglj@sutpc.com

陈昶佳，女，硕士，深圳市城市交通规划设计研究中心有限公司，工程师。电子信箱：chenchangjia@sutpc.com

基于深度学习的出租车出行行为预测

谢开强　罗钧韶

【摘要】城市交通规划的核心问题是流量预测，而流量预测的基础则是出行预测。出行预测是指在一定条件下，对各居住小区可能产生的总出行需求进行预测。它是城市交通规划中的重要环节，可靠的出行预测不仅能为相关部门构建有效的调度系统提供参考，同时也能为城市居民提供有效的出行路径选择信息。针对居民出行预测任务，提出了基于长短时记忆神经单元的循环神经网络出行行为预测方法。相比传统的出行预测方法，该方法的预测精度更高，更适用于大数据背景下的出行预测任务。

【关键词】出行行为；深度学习；长短时记忆神经网络

【作者简介】

谢开强，男，硕士，深圳市城市交通规划设计研究中心有限公司，工程师。电子信箱：xiekq@sutpc.com

罗钧韶，男，硕士，深圳市城市交通规划设计研究中心有限公司，工程师。电子信箱：luojs@sutpc.com

项目来源：深圳市战略性新兴产业发展专项资金 2018 年第二批扶持计划（深发改［2018］1491 号）

港口集卡交通需求分析方法和
优化对策研究

杨　琦　朱宏佳

【摘要】本文以集装箱卡车为研究对象，研究改进集装箱卡车交通需求分析方法，可为相关疏港货运规划和研究提供技术参考。针对当前研究出行链模式单一、参数难以获取的不足，本文从集装箱卡车货运全出行链角度出发，基于对港口集装箱卡车运输模式的分析，提出了一种根据闸口数据推算集装箱卡车交通需求的分析方法和相关计算模型，并以实际案例验证了分析方法的准确性。在此基础上，提出改善集装箱卡车交通需求的优化对策。

【关键词】集装箱卡车；需求分析方法；优化对策

【作者简介】

杨琦，男，硕士，深圳市城市交通规划设计研究中心有限公司，助理工程师。电子信箱：547733176@qq.com

朱宏佳，男，硕士，深圳市城市交通规划设计研究中心有限公司，工程师。电子信箱：swat9012@163.com

深港跨界货运交通特性分析

朱宏佳　田　锋

【摘要】本文从全货运链作业流程角度出发，深入研究了深港跨界公路货运交通特征，分析了跨界货运需求时间、空间分布，识别了跨界货运主要交通走廊及通道，剖析得出时间效率是影响跨界货运交通组织路径选择的关键因素，在此基础上对跨界货运现存问题作了分析总结，包括口岸功能同质化、跨界货运总体组织格局尚未形成、货运通道体系未健全、部分口岸配套设施及管理难以满足需求。研究成果将为深港跨界货运交通组织提供基础资料，对同类型的跨界货运交通规划和组织具有一定的指导意义。

【关键词】深港跨界货运；交通组织；时间效率

【作者简介】

朱宏佳，男，硕士，深圳市城市交通规划设计研究中心有限公司，工程师。电子信箱：swat9012@163.com

田锋，男，博士，深圳市城市交通规划设计研究中心有限公司，党委副书记，副总经理，高级工程师。电子信箱：tf@sutpc.com

基于复杂网络的城市轨道交通
站点重要度分析

吴　桐　卫星佩

【摘要】随着城市化进程的迅速推进以及大都市城市轨道交通网络化运营的逐步实现，城市轨道交通在城市交通系统中扮演的角色也越来越重要，而如何筛选城市轨道交通网络中重要度较高的站点则是运营过程中一个非常重要的问题。本文基于复杂网络模型，首先提取了城市轨道交通的复杂网络特征，通过 Ucinet 构建城市轨道交通网络拓扑结构，使用 TOPSIS 方法构建基于城市轨道交通网络特性的节点重要度分析模型，并以南京地铁为例，得出南京城市轨道交通站点重要度排序。真实、有效地确定城市轨道交通网络中的关键节点，对于城市轨道交通的运营管理品质提升和未来城市轨道交通的规划建设都有着重要的参考价值。

【关键词】城市轨道交通；复杂网络；站点重要度

【作者简介】

吴桐，男，硕士，深圳市城市交通规划设计研究中心有限公司，助理工程师。电子信箱：729123501@qq.com

卫星佩，男，硕士，深圳市城市交通规划设计研究中心有限公司，助理工程师。电子信箱：328436143@qq.com

都市圈机动车大数据分析探索

——以深圳为例

杨修涵　李占山　纪铮翔　杨　帅　袁　佳

【摘要】在深莞惠都市圈发展背景下，本文利用涵盖广东省高速公路和深圳全市城市干线道路卡口两套数据，从深圳市城际出行、市域出行以及核心区对外出行三个维度，重点对机动车出行总量、空间分布、出行目的和路网进行分析。基于此，提出深莞惠都市圈道路交通协同共治发展策略：首先重点考虑新增高速通道串联深圳核心区与外围圈层；其次在市域主要发展轴向上，建议构建高速+快速"高低搭配"的复合通道路网体系；再次结合全市交通需求管控策略，建议对高速通道进行收费。

【关键词】都市圈；高快速路；卡口大数据；机动车出行

【作者简介】

杨修涵，女，硕士，深圳市城市交通规划设计研究中心有限公司，助理工程师。电子信箱：yangxh@sutpc.com

李占山，男，本科，深圳市城市交通规划设计研究中心有限公司，工程师。电子信箱：237122715@qq.com

纪铮翔，男，硕士，深圳市城市交通规划设计研究中心有限公司，高级工程师。电子信箱：52431454@qq.com

杨帅，女，硕士，深圳市城市交通规划设计研究中心有限公司，助理工程师。电子信箱：yangsh@sutpc.com

袁佳，女，硕士，深圳市城市交通规划设计研究中心有限公

司，助理工程师。电子信箱：yuanj@sutpc.com

　　项目来源：国家重点研发计划"综合交通运输与智能交通"重点专项（No.2018YFB1601100）

大型会展中心客流交通疏解方案仿真研究

吴昌伟

【摘要】大型会展中心在展会高峰期间客流出行需求巨大，对周边道路交通运行带来的冲击明显，若交通疏解方案设计不合理或未能准确预估潜在风险的影响，易导致会展中心周边道路拥堵甚至瘫痪。本文以深圳市国际会展中心项目为例，分析了会展中心在发展过程中可能面临的多种客流疏散场景，从宏观、中观、微观三个维度，对不同场景中的交通运行状况进行仿真模拟，并提出了一种基于交通仿真模型的动态、量化评估方法，分析各个场景中疏解方案的适配性。最后从交通改善和供需管理两个角度提出建议，形成方案优化闭环反馈和风险管控机制。

【关键词】会展中心；交通疏解；交通仿真

【作者简介】

吴昌伟，男，本科，深圳市城市交通规划设计研究中心有限公司，助理工程师。电子信箱：2437131189@qq.com

基于收益管理的高速铁路平行车次动态定价研究

张　斌　谭国威

【摘要】文章基于收益管理"动态定价"和"座位存量控制"理论基础，通过设计 SP 调查问卷，并应用 SPSS 软件对数据结果进行模型似然比检验、特征参数评估，确定了旅客选择特征因素参数值。构建以铁路收益最大化为目标的高速铁路平行车次最优联合定价模型，实现平行车次预售期内动态定价。

【关键词】收益管理；高速铁路；平行车次；预售期；动态定价

【作者简介】

张斌，男，硕士，深圳市城市规划设计研究中心有限公司，工程师。电子信箱：87067895@qq.com

谭国威，男，硕士，深圳市城市规划设计研究中心有限公司，轨道一院院长，教授级高级工程师。电子信箱：tgw@sutpc.com

基于 GPS 数据的货运交通
空间特征分析技术

——以厦门市为例

丁晓青

【摘要】本文以厦门市货运 GPS 数据为基础，在 Oracle 数据库平台上，从数据预处理、数据可视化到提取出特征，详细介绍了每个阶段的算法与步骤。并且以厦门市货运 GPS 数据为例获得厦门市货运空间起讫点（OD）分布特征，通过与实际的物流产业分布情况进行对比分析，认为分析结果可以反映实际的货运交通运行情况。

【关键词】货运交通；数据处理算法；空间 OD 分布

【作者简介】

丁晓青，女，硕士，厦门市交通研究中心，助理工程师。电子信箱：619140380@qq.com

基于互联网公路货运数据的挖掘与应用研究

李晓亭　叶　亮　张金城

【摘要】由于公路运输行业经营企业多、规模小、市场进出门槛低等特点，大规模组织公路货运 OD 调查成本高、难度大，传统"逐级上报"的统计方式很难全面反映公路货运流量流向、货类等特征，随着公路货运信息化进程的推进，网络货运平台上累积了大量的公路货运信息，合理获取和利用网络平台数据能对传统的调查统计起到很好的补充作用，并为行业规划和管理决策提供科学支撑。本文首先介绍互联网公路货运数据的来源、获取方法及数据处理方法，然后对数据挖掘分析的技术流程和应用方向进行研究，最后以贵州为例，通过数据挖掘，分析进出贵州的货物类别及其流量、流向特征，进行可视化处理，并将分析结果应用于公路货运市场分析，从而指导物流节点规划和物流通道规划。

【关键词】大数据；公路货运；可视化；数据挖掘；物流规划

【作者简介】

李晓亭，女，硕士，深圳城市交通规划设计研究中心有限公司，助理工程师。电子信箱：1120171327@qq.com

叶亮，女，博士，深圳城市交通规划设计研究中心有限公司，高级工程师。电子信箱：1544621867@qq.com

张金城，男，本科，智慧足迹数据科技有限公司。电子信

箱：zhangjincheng07@173.com

项目来源：深圳市战略性新兴产业发展专项资金 2018 年第二批扶持计划（深发改〔2018〕1491 号）

基于网络开源数据的出行
OD 矩阵推导方法

胡桂松　李旭宏

【摘要】本文基于当前网络环境获取微博签到、POIs 及点评数据等多源网络开源数据，用以挖掘出行特征。首先，考虑用地类型和既有分类体系重构了基于交通应用的 POIs 重分类体系；其次，采用 DBSCAN（Density-Based Spatial Clustering of Applications with Noise，比较有代表性的基于密度的聚类算法）聚类分析签到数据，并结合 POIs 重分类以及出行时间特征构建签到地职住类型识别规则；再次，依据出行链理论构建基于签到数据的出行模型，验证可行性并推导了基于签到数据的"样本 OD 矩阵"；接着，先采用人口规模与年龄结构进行简单扩样，再基于 OD 反推模型校核推导居民出行 OD 矩阵；最后，通过实例分析论证了研究方法的可行性。论文提出的方法能够避免城市频繁进行大规模费事、费力的居民出行调查工作，并较好地克服了网络数据获取困难性、覆盖面局限性等问题。

【关键词】网络开源数据；POI 重分类；DBSCAD 聚类分析；OD 矩阵推导

【作者简介】

胡桂松，男，硕士，深圳城市交通规划设计研究中心有限公司，工程师。电子信箱：huguisong@sutpc.com

李旭宏，男，博士，东南大学交通学院，教授。电子信箱：

lixuhong@seu.edu.cn

　　项目来源：深圳市战略性新兴产业发展专项资金 2018 年第二批扶持计划（深发改〔2018〕1491 号）

公共交通与小汽车出行特征差异研究

——以深圳为例

郭旭健　　林航飞　　顾啸涛

【摘要】受出行链复杂程度差异的影响，同样的起、终点条件下，采用小汽车和公共交通的出行时间和出行速度必然会存在较大差异。提升公共交通相对于小汽车的竞争力，必须要关注两者之间在出行特征上的差别。本文以出行链为基础，通过网络地图采集的深圳市相关数据，统计了常规公交与小汽车在平峰和晚高峰时段的平均出行时耗比，并分析了速度及路径对时耗的影响程度。最后在城市空间层面上，研究了两种方式在对外联系的时耗分布上表现出的空间差异。

【关键词】城公共交通；出行链；出行时耗；出行速度

【作者简介】

郭旭健，男，硕士，深圳城市交通规划设计研究中心有限公司，工程师。电子信箱：tjguoxujian@163.com

林航飞，男，博士，同济大学，教授。电子信箱：linhangfei@126.com

顾啸涛，男，硕士，深圳城市交通规划设计研究中心有限公司，高级工程师。电子信箱：19076620@qq.com

2019北京世界园艺博览会
交通需求预测及后评估

顾乃昱　陈一凡　杨　军　李　先

【摘要】2019北京世界园艺博览会于2019年4月29日至10月7日在延庆区举办。从世园会园区区位和交通可达性上来看，本次世园会与上海世博会、青岛世园会、唐山世园会等距离市中心较近的展会有较为明显的不同，至延庆区的交通承载力将成为影响实际抵达园区客流量的制约因素；其次，世园会客流与延庆区其他旅游景点的客流产生部分交集，若单以世园会作为客流吸引点进行预测，无法对叠加客流进行精准分析，导致预测结果偏差，应以延庆区整体旅游客流作为研究对象。本文在结合其他城市类似展会和延庆区本地旅游客流吸引特征的基础上，从客流总量、特征日客流、客流来源、出行时间分布、出行结构等几个方面进行了预测分析，并采用开园后首月（5月）的客流统计数据对预测进行了评估。

【关键词】大型活动；世园会；交通需求预测；预测后评估

【作者简介】

顾乃昱，男，硕士，北京智诚智达交通科技有限公司，工程师。电子信箱：120528033@qq.com

陈一凡，男，硕士，北京智诚智达交通科技有限公司，工程师。电子信箱：120528033@qq.com

杨军，男，博士，北京智诚智达交通科技有限公司，高级工

程师。电子信箱：120528033@qq.com

李先，女，硕士，北京交通发展研究院，副院长，教授级高级工程师。电子信箱：120528033@qq.com

基于全样本调查的小学生
出行特征分析

刘　敏　赵　磊　刘祥峰　吴佳妮　叶建斌　薛坤伦

【摘要】学校周边片区的接送交通拥堵状况是城市交通重度拥堵黑点所在。针对早晚上下学高峰期学校周边的交通拥堵问题，基于微信、网络等自媒体手段，联合政府、学校等单位，本文对佛山市南海区 5 所小学开展全样本的上下学出行特征问卷调查，从早晚高峰接送比例、接送交通方式、停车行为、公共交通出行意愿等方面对小学生出行特征进行分析，剖析致使学校周边道路拥堵的原因，为学校片区交通拥堵治理提供思路。

【关键词】小学生出行；学校交通拥堵；交通管理；交通方式；拥堵治理

【作者简介】

刘敏，男，硕士，深圳城市交通规划设计研究中心有限公司，助理工程师。电子信箱：ctminliu@163.com

赵磊，男，硕士，深圳城市交通规划设计研究中心有限公司，高级工程师。电子信箱：61912769@qq.com

刘祥峰，男，硕士，深圳城市交通规划设计研究中心有限公司，工程师。电子信箱：774092920@qq.com

吴佳妮，女，硕士，深圳城市交通规划设计研究中心有限公司，助理工程师。电子信箱：wujini521@qq.com

叶建斌，男，本科，深圳城市交通规划设计研究中心有限公

司，助理工程师。电子信箱：694870377@qq.com

薛坤伦，男，本科，深圳城市交通规划设计研究中心有限公司，助理工程师。电子信箱：625573930@qq.com

基于 TransCAD 的区域路网
OD 反推结果评价

张　婷　成　冰

【摘要】OD 矩阵是了解路网交通特性、分析和把握道路出行规律、预测未来交通发展趋势等工作的重要基础数据。本文借助 TransCAD 平台的 OD 反推程序，通过设置交通分配模型、先验 OD 获方式、路段重要度以及 OD 反推程序，得到不同模型设置下的 OD 反推矩阵，并基于路段流量对 OD 反推结果进行分析，得到先验 OD 获取方式、交通分配模型、OD 反推程序、路段重要度对 OD 反推结果影响的一般结论。最后，本文以路段流量均方根误差 RMSE（%）和路段流量相对误差 ARE（%）作为评价指标，通过熵值赋权法对各指标进行赋权，建立 OD 反推综合评价指标 Z，从而对模型进行评价。结果发现以阻抗-重力模型法方法获取先验 OD、以 SUE 作为交通分配模型、考虑路段重要度且以多路径 OD 反推方法（MPME）进行 OD 反推时，所得到的 OD 矩阵精度最高。本文的这一研究成果，为建立交通模型、把握交通出行规律、制定道路交通决策等提供了一定的技术支撑。

【关键词】OD 反推；TransCAD；结果评价

【作者简介】

张婷，女，硕士，南京市城市与交通规划设计研究院有限公司，助理工程师。电子信箱：15751868328@163.com

成冰，男，硕士，深圳市城市交通规划设计研究中心有限公司，工程师。电子信箱：306077277@qq.com

VISSIM 在惠州北站接驳组织仿真中的应用

麻旭东　杨应科　成　冰　张文强

【摘要】集散效率是评价一个高铁站的重要指标之一，也是高铁站交通接驳组织规划需要考虑的问题，而目前在这一方面的研究还比较欠缺。本文借助于 VISSIM 交通仿真软件，通过精细化建模模拟高铁站交通接驳组织，对惠州北站高峰时期各种形式接送客流进行仿真评价，同时创新性地对送客平台极限通行能力进行了测试，最后借助于成熟的交通优化方法对矛盾点进行优化，取得了较好的效果。实践表明该方法具有良好的前瞻性与实用性。

【关键词】VISSIM；仿真；接驳组织优化；高铁站

【作者简介】

麻旭东，男，本科，深圳城市交通规划设计研究中心有限公司，助理工程师。电子信箱：1150093300@qq.com

杨应科，男，本科，深圳城市交通规划设计研究中心有限公司，高级工程师。电子信箱：184894504@qq.com

成冰，男，硕士，深圳城市交通规划设计研究中心有限公司，中级工程师。电子信箱：306077277@qq.com

张文强，男，本科，深圳城市交通规划设计研究中心有限公司，助理工程师。电子信箱：2682406250@qq.com

项目来源：深圳市战略性新兴产业发展专项资金 2018 年第二批扶持计划（深发改［2018］1491 号）

电警数据清洗方法及数据在
信号控制中的应用

王　握　李　林　毛应萍

【摘要】随着电警大规模建设使用，其过车数据成为感知交通参数的重要方式之一。基于此，本文依据视频检测的相关原理，总结分析视频过车数据存在的问题，提出了针对数据存在的错误、冗余、缺失、异常四种典型问题的识别、修补方法，形成了电警过车数据质量控制的标准化流程。同时，根据电警对交通流的感知，从时段划分、相位方案推荐两个方面给出了电警过车数据在信号控制中的典型应用。最后，通过对贵阳电警数据的分析处理以及在信号控制中的应用，验证了电警过车数据质量控制方法、数据应用方法的有效性。

【关键词】过车数据；交通参数；数据质量；信号控制

【作者简介】

王握，男，硕士，深圳城市交通规划设计研究中心有限公司，工程师。电子信箱：wangw@sutpc.com

李林，男，硕士，深圳城市交通规划设计研究中心有限公司，高级工程师。电子信箱：lil@sutpc.com

毛应萍，女，硕士，深圳城市交通规划设计研究中心有限公司，高级工程师。电子信箱：maoyp@sutpc.com

项目来源：深圳市战略性新兴产业发展专项资金 2018 年第二批扶持计划（深发改［2018］1491 号）

免于失效枚举的大规模交通
网络关键路段识别

陈　君　李　岩

【摘要】交通系统是城市重要的生命线系统之一，各种各样的异常事件导致交通网络性能受损，给社会经济带来极大的损失。故而有必要在规划管理阶段识别出交通网络的关键路段，投放更多的资源并加以保护，提高网络抵抗异常事件的能力。路径冗余度（即 OD 对之间有效路径数量）可精细化表征 OD 对之间的有效连通程度，能够量化异常事件发生后可供出行者选择的替代出行机会。与传统"枚举-再分配"方法不同，本文基于路径冗余度提出一种能应用于大规模交通网络关键路段识别方法，该方法规避了枚举法的组合复杂性难题，克服了基于均衡理论交通分配方法识别关键路段的弊端，能够显著提高大规模交通网络关键路段识别的计算效率。算例网络中验证算法有效性后，应用于大规模交通网络中识别其关键桥梁。

【关键词】路径冗余度；有效路径；关键路段；计算效率

【作者简介】

陈君，男，硕士，中国城市规划设计研究院，助理工程师。电子信箱：453958567@163.com

李岩，男，硕士，中国城市规划设计研究院，助理工程师。电子信箱：610299508@qq.com

多源数据下 Bike+Ride 接驳特性
挖掘与站点可达性研究

吴运腾　杨　敏　陈子怡　白舒安

【摘要】为了解决城市化进程加快带来的交通问题，我国制定了公共交通优先发展战略，大运量的轨道交通成为主要通勤方式，然而轨道交通的低可达性使得一部分通勤乘客没有直达的轨道交通接驳线路，共享单车作为一种新兴出行方式，为解决轨道交通"最后一公里"问题提供新思路。本文的研究重点在于综合利用 Python、SQL 数据库和 ArcGIS 等工具，综合南京市轨道交通 AFC 数据、共享单车运营数据、高德地图 POI 数据，深入挖掘共享单车+轨道交通（Bike+Ride，简称 B+R）接驳特性。对站点进行分类以探索共享单车接驳客流和轨道总体客流的关系，总结分类站点共享单车的通勤特性；从整体布局，把握南京市轨道交通进出客流与共享单车接驳客流的时空动态信息。实现站点可达性与土地利用、站点属性等的精细化分析，并利用项目研究所得模型，提出典型站点可达性范围内共享单车投放量和停放位置的设计方案，促进共享单车停放规范化，并对轨道站点周边土地利用开发和时空资源配置提出指导性建议和可行性方案。

【关键词】多源数据；B+R 接驳特性；站点可达性；共享单车投放量

【作者简介】
吴运腾，男，硕士，东南大学交通学院。电子信箱：

syzx8@163.com

　　杨敏，男，博士，东南大学交通学院，教授。电子信箱：
yangmin@seu.edu.cn

　　陈子怡，女，在读本科，东南大学交通学院。电子信箱：
958665020@qq.com

　　白舒安，男，硕士，江苏省公安厅交通巡逻警察总队。电子
信箱：baishu.an@gmail.com

南京长江大桥对桥北地区可达性
影响的量化分析

高 湛 孙 伟

【摘要】跨越通道类交通基础设施对两岸交通联系有重要影响，部分交通群体的出行时空成本在这类基础设施维修封闭期间将会发生变化，定量化分析跨越通道对两岸联系的影响，可为制定相应的交通组织保障措施提供决策支持。本文利用网络开放数据，包括居住小区 POI 数据、公司企业 POI 数据、人口热力数据等，采用基于栅格的可达性算法计算小汽车和公交的可达性，量化分析南京长江大桥在恢复通车前后对桥北地区交通联系所带来的影响。本文研究表明，长江大桥的维修施工使长江两岸交通流在各通道上重新分布，而大桥恢复通车后，长江两岸交通联系的时间成本发生了较大的变化。同时，在路网可达性方面，大桥的恢复通车让桥北居民无论是小汽车还是公交出行都更加便捷，增加了居民的出行选择。

【关键词】长江大桥；可达性；开放数据

【作者简介】

高湛，男，硕士，江苏省城市规划设计研究院，规划师。电子信箱：1578090895@qq.com

孙伟，男，博士，江苏省城市规划设计研究院，高级规划师。电子信箱：401552587@qq.com

基于电信数据的天津市对外客运出行分析

于春青　万　涛　李　科　韩　宇

【摘要】对外交通客运出行特征分析是进行城市对外交通设施规划研究的重要基础依据。本文利用电信大数据分析了天津市对外出行特征，分析研究范围集中于京津冀范围内，研究主要成果包括：京津冀范围内天津市对外出行总量日均约 47.4 万人次/日，周五至周日明显高于周一至周日；对外主要联系区域为与天津市临近的北京市、唐山市、沧州市、廊坊市、保定市及雄安新区 5 个相邻地区；周边临近城市间有高铁和城际铁路的，铁路的出行方式占比相对较高，例如北京、保定等；距离相对较远的，铁路的出行占比也相对较高，例如石家庄、邯郸、张家口、邢台等。

【关键词】京津冀；出行特征；出行分布；出行方式

【作者简介】

于春青，男，硕士，天津市城市规划设计研究院，高级工程师。电子信箱：12780698@qq.com

万涛，男，硕士，天津市城市规划设计研究院，高级工程师。电子信箱：1169468702@qq.com

李科，男，本科，天津市城市规划设计研究院，交通研究中心总工，高级工程师。电子信箱：17214611@qq.com

韩宇，男，硕士，天津市城市规划设计研究院，交通研究中心总工，高级工程师。电子信箱：24886053@qq.com

基于多源数据的苏州古城区交通需求管理研究

郑梦雷　侯　俊　葛　梅　陈　犟　罗颖磊

【摘要】交通需求管理的相关研究基本趋于成熟，并且也在多个城市得到广泛研究和应用，但缺少对于实施效果的定量评价，无法形成闭环的反馈调节机制。交通需求管理的目的主要在于减少机动车出行量，减轻或消除交通拥堵。苏州古城受人口密度高、道路设施条件薄弱等因素的影响，拥堵、停车难、慢行环境差等问题日趋严重。为了缓解古城交通拥堵问题，相关部门采取了一系列的交通需求管理措施，基于此，结合手机数据和实时车速数据对实施效果进行评价，基于研究结果提出了苏州古城管理措施的优化方向，为苏州古城乃至苏州市交通拥堵的缓解提供了十分有价值的数据支撑和决策支持，也为交通需求管理措施的定量评价提供了科学合理的技术路线。

【关键词】交通需求管理；措施评价；手机数据；实时车速

【作者简介】

郑梦雷，女，硕士，中咨城建设计有限公司苏州分公司，工程师。电子信箱：1170067846@qq.com

侯俊，男，硕士，江苏鸿信系统集成有限公司，大数据应用事业部副经理，工程师。电子信箱：18951603110@chinatelecom.cn

葛梅，女，本科，苏州彼立孚数据科技有限公司，助理工程

师。电子信箱：691707529@qq.com

　　陈鞏，男，本科，中咨城建设计有限公司苏州分公司，高级工程师。电子信箱：14618795@qq.com

　　罗颖磊，男，本科，上海炬宏信息技术有限公司。电子信箱：eilai_luo@hotmail.com

基于增广拉格朗日乘子法的通行
能力限制交通分配算法

吴超峰

【摘要】鉴于增广拉格朗日乘子法作为一种数学方法已被广泛应用于各类数值计算的实践中，本文提出了一种以增广拉格朗日乘子法为框架，能有效解决大路网通行能力限制下交通分配问题的求解算法。该算法中嵌入了基于可替换路径对的交通分配算法，用于求解无通行能力限制的交通分配子问题，并给出了算法的具体步骤与技术细节。应用数值算例论证了算法的数值计算能力，以及求解大路网通行能力限制下交通分配问题的性能，另外也分析了算法参数的灵敏度。

【关键词】通行能力限制的交通分配问题；基于可替换路径对的交通分配算法；增广拉格朗日乘子法

【作者简介】

吴超峰，男，硕士，深圳市城市交通规划设计研究中心有限公司，助理工程师。电子信箱：424370971@qq.com

基于手机 4G 数据的交通出行
OD 动态算法研究

郑梦雷　薛　新　陈　翚　陆显娥

【摘要】手机作为日常生活中使用频率最高的设备以及高频采样、高密度覆盖的 4G 网络，为交通出行 OD 分析提供了很好的技术选择。本次研究立足交通出行 OD 的内涵，并结合采用 FDD-LTE 通信技术的手机 4G 数据特性，同时考虑基站空间分布差异性对算法参数在时空动态性上的要求，经定位机制研究、手机数据与真实行为映射、数据预处理、算法设计、数据处理、结果校验及算法调试、扩样等一系列海量数据运算处理，最终可获得交通出行 OD 数据，形成一套完整系统的基于手机 4G 数据的交通特征研究体系。根据 OD 动态算法抽样检测和校核的结果，验证了技术路线的可行性和算法的有效性。

【关键词】手机 4G 数据；交通出行 OD；OD 动态算法

【作者简介】

郑梦雷，女，硕士，中咨城建设计有限公司苏州分公司，工程师。电子信箱：1170067846@qq.com

薛新，男，本科，苏州市公安局交警支队秩序大队，副大队长。电子信箱：37287039@qq.com

陈翚，男，本科，中咨城建设计有限公司苏州分公司，高级工程师。电子信箱：14618795@qq.com

陆显娥，女，本科，苏州彼立孚数据科技有限公司，助理工程师。电子信箱：1584504635@qq.com

基于交通承载力的地铁车辆段
上盖开发分析
——以南昌市为例

王　鹏　朱慧蒙　胡水燕　罗　侃

【摘要】国内各大城市轨道交通建设工作正如火如荼地展开，地铁作为城市轨道交通的主要制式，大量的地铁线路和地铁车辆基地设施投入运营，地铁车辆段上盖开发利用的思路也转化为实体建筑。论文结合南昌市1号线蛟桥停车场上盖物业开发和4号线望城车辆段一体化开发的实践案例，对区域规划路网进行承载能力分析，判断上盖开发对区域交通路网产生的影响并提出相应的解决措施。结论认为，在"轨道+物业"的开发过程中，相关部门应充分考虑交通承载力这一因素；在轨道交通网规划阶段，应先期考虑到"轨道+物业"的开发模式，从而最大限度发挥轨道交通建设的社会效益。

【关键词】车辆段上盖物业；开发强度；路网交通承载力；城市轨道交通

【作者简介】

王鹏，男，本科，南昌市交通规划研究所，助理工程师。电子信箱：wp526823@163.com

朱慧蒙，男，本科，南昌市交通规划研究所，副部长，助理工程师。电子信箱：864205125@qq.com

胡水燕，女，硕士，南昌市交通规划研究所，部长，工程师。电子信箱：hushuiyan0604@126.com

罗侃，男，本科，南昌市交通规划研究所，所长，高级工程师。电子信箱：ncjts@126.com

基于手机信令数据的长三角城际
出行特征研究

吴子啸

【摘要】基于手机信令数据对于人们的日常活动进行推演在城市交通规划和研究中已被广泛关注。相对于城市交通而言，通过传统交通调查方法获得城际出行数据的难度更大。本文以长三角城市群为例，利用手机信令数据对城市群的城际出行进行分析。从城际出行生成、空间分布、多日活动特征等方面阐述了城市群城际出行的需求特征，希望能为城市群交通研究和规划提供广域视角和基础依据。

【关键词】长三角城市群；城际出行；手机信令数据；需求特征

【作者简介】

吴子啸，男，博士，中国城市规划设计研究院，教授级高级工程师。电子信箱：374281035@qq.com

新形势下道路车速运算系统的
重构与研究

王 磊

【摘要】2016 年以来,上海持续开展交通严格执法和综合交通管理补短板,技术创新、管理革新的新形势下,需要多角度、全方位地运行检测手段,既有系统在适用性、兼容性等方面已现弊端,本研究在延续传统模式的基础上,开展道路车速运算及分析系统重构中多个关键环节的方法研究,在开发中加持多线程并行等新技术,通过更精细化技术手段来确保效率和可靠性的同步提升,以适应新形势下解读拥堵演变趋势、拥堵的潜在成因分析等应用的需求。

【关键词】道路交通;道路车速;拥堵分析;浮动车数据

【作者简介】

王磊,男,本科,上海市城乡建设和交通发展研究院,高级工程师。电子信箱:79761249@qq.com

基于系统动态扩散模型的新能源
汽车数量预测

李 寻 杨心怡 郭 莉 邓 娜

【摘要】本文基于系统动态扩散模型预测了在不同政策情景下深圳市新能源汽车的数量和分布。研究运用模型量化了居民对新能源汽车的熟悉度来反映公众逐步了解、接受新能源汽车的动态过程，同时结合离散选择模型，模拟预测了新能源汽车数量增长的过程。在此基础上，本文量化分析了推行新能源出租公交车、限购传统燃油汽车以及补贴新能源汽车等政策对新能源汽车数量的影响。结果表明在没有政策支持的情景下，由于居民缺乏对新能源汽车的了解和熟悉，新能源汽车的市场占有率将不足5%，因而，对新能源汽车的推广和宣传对于其数量的增长至关重要。对限购传统汽车和补贴新能源汽车的政策进行比较后，本文发现限购传统汽车更利于提升新能源汽车的市场占有率，而补贴新能源汽车更有利于提升新能源汽车数量。

【关键词】系统动态扩散模型；新能源汽车；交通政策

【作者简介】

李寻，男，博士，深圳市规划国土发展研究中心，助理规划师。电子信箱：lixunutp@qq.com

杨心怡，女，硕士，深圳市规划国土发展研究中心，助理规划师。电子信箱：xinyiyang@msn.cn

郭莉，女，硕士，深圳市规划国土发展研究中心，高级工程

师。电子信箱：99129268@qq.com

邓娜，女，硕士，深圳市规划国土发展研究中心，助理规划师。电子信箱：1026579968@qq.com

基于改进两步移动搜索法的二三级医院可达性研究

殷嘉俊　邹海翔

【摘要】医疗设施的空间可达性是评价医疗设施布局是否合理的重要指标。本文采用改进两步移动搜索法对深圳市二三级医院空间可达性进行研究，在分析二三级医院门诊量数据、人口普查数据、出租车 GPS 数据的基础上综合考虑了医疗设施服务能力、居民点人口数量、医疗设施与居民点之间的出行阻抗的影响。研究表明：深圳市二三级医院空间分布不均衡，原特区内的二三级医院可达性明显高于原特区外。福田区、罗湖区、龙岗区的可达性高值比例较大，坪山区、盐田区、大鹏区的低值比例较大。缺医片区主要集中在原特区外，包括①宝安区中部、②龙华区中西部、③龙岗区西部与龙华交界处、④坪山区北部及西部、⑤大鹏中心区。结合深圳市法定图则规划，建议将规划的部分医院建设时序前置，同时新增规划医院以完善缺医地区的覆盖。

【关键词】改进两步移动搜索法；可达性；出租车 GPS 数据；二三级医院；缺医地区

【作者简介】
殷嘉俊，男，硕士，深圳市规划国土发展研究中心，助理规划师。电子信箱：250061168@qq.com
邹海翔，男，硕士，深圳市规划国土发展研究中心，高级工程师。电子信箱：89707165@qq.com

区域融合发展背景下的天津与
北京间的跨域通勤分析

万　涛

【摘要】本文使用百度、手机信令等大数据，识别居住地和工作地分别位于北京和天津市域范围内的人群，对该类型人群的通勤特征、社会属性进行分析，总结跨域通勤的特点，并结合职住空间分布与区域交通可达性进行关联，指出跨域通勤的热点区域以及在交通上应当具备的条件，并对在区域融合背景下如何进一步服务跨域通勤、引导跨域通勤向合理的方向发展提出建议。

【关键词】区域融合发展；通勤；职住空间

【作者简介】

万涛，男，硕士，天津市城市规划设计研究院，高级工程师。电子信箱：1169468702@qq.com

基于宏观基本图的上海中环事故影响分析

田田甜　陈小鸿

【摘要】为了探索 2016 年 5 月 23 日上海中环断裂事故对于快速路运行状态的影响，本文以上海市快速路网的线圈数据为基础，采用宏观交通流基本图的方法得到上海市快速路网的 MFD 曲线，验证了上海快速路网宏观基本图的存在性。并通过对比事故前后五周内不同时间点（工作日、周末）、不同空间范围内特征各异的基本图，从时间和空间上全面感知了上海中环事故对快速路网运行状态的影响。从空间上来看，较大规模的路网具有较好的自我调节能力，出行者有更多的路径选择，相对而言受影响较小。时间上来看，工作日由于具有较集中的通勤流量，因此路网的断裂对其产生的影响更大，周末在白天具有较均衡的出行需求，因此受事故影响相对较小。

【关键词】交通流；宏观基本图；快速路；事故影响

【作者简介】

田田甜，女，在读博士，同济大学道路与交通工程教育部重点实验室。电子信箱：1365651930@qq.com

陈小鸿，女，博士，同济大学道路与交通工程教育部重点实验室，教授。电子信箱：1710909@tongji.edu.cn

基于互联网地图数据的多模式
可达性差异研究

曾丽榕

【摘要】城市内部不同空间区位的多模式可达性差异分析对交通不平衡现状把握和差异化交通发展对策具有重要意义。本文以上海市为例，基于互联网地图数据，采用潜力模型计算了街道分区的小汽车、公共交通和非机动车的可达性及模式间可达性差距指标。结果比较了三种方式的可达性数值范围、显示了各方式可达性的空间分布特征及空间自相关性。模式间可达性差距的空间分布进一步反映了公共交通与小汽车、非机动车与小汽车以及非机动车与公共交通方式之间的空间发展不平衡，区分了模式间可达性差距明显和差距较小的地区。研究结果可以应用于进一步交通政策分区和为交通平衡发展对策提供决策支持。

【关键词】可达性差异；潜力模型；交通公平；互联网地图数据；空间区位

【作者简介】

曾丽榕，女，硕士，厦门市交通研究中心，助理工程师。电子信箱：zlr_hust@163.com

公交刷卡数据下车站点多场景匹配研究

李　旭　程晓明　施　敏

【摘要】公交刷卡数据是研究公交出行特征和公交客流分布的基础数据。由于大部分城市乘坐公交时下车无须刷卡，故公交刷卡数据并无下车记录，实际过程中对公交下车站点的匹配有较大影响。论文借助智能公交刷卡数据、公交车辆 GPS 数据、轨道闸机数据以及城市用地数据，分析公交出行规律，提炼公交出行场景类型，提出基于数据融合及不同出行规律下的公交下车站点分场景匹配方法。并借助公交车内视频数据进行验证。结果表明，利用分场景匹配方法，可以显著提高公交下车站点的匹配精度，且适用性强，为后续公交站间 OD 及公交客流分布的获取提供依据。

【关键词】公交刷卡数据；公交 GPS 数据；下车站点匹配；公交车内视频数据

【作者简介】

李旭，女，硕士，南京市城市与交通规划设计研究院股份有限公司，工程师。电子信箱：654664117@qq.com

程晓明，男，硕士，南京市城市与交通规划设计研究院股份有限公司，大数据中心主任，高级城市规划师。电子信箱：232699227@qq.com

施敏，女，硕士，南京市城市与交通规划设计研究院股份有限公司，助理工程师。电子信箱：640913923@qq.com

基于"互联网+"的公路客运满意度评价研究

谭云龙　刘晓娟

【摘要】在互联网技术快速发展的时代背景下，本文分析总结了基于"互联网+"的实时动态评价的特点，同时结合公路客运实际，重点对影响满意度评价的三个关键问题进行分析。首先，根据公路客运分层分类评价的要求，以及公路客运一次出行服务全过程分析，重点考虑车站候乘服务和车上服务两大出行环节，分别提取旅客最为关注的要素作为评价指标，构建公路客运服务满意度评价的三级指标体系；其次，结合电子购票发展水平和满意度评价要求，提出三种数据采集方式及其工作基础、采集流程，并对三种评价方式的优缺点进行对比分析，为评价数据采集提供参考；最后，在相关激励机制理论的指导下，分别从乘客和企业两个层面制定评价激励机制，以保障满意度评价工作的持续、有效开展。

【关键词】公路客运；互联网+；服务满意度；动态评价

【作者简介】

谭云龙，男，博士，广州市交通运输研究所，高级工程师。电子信箱：89355295@qq.com

刘晓娟，女，硕士，广州市交通运输研究所，工程师。电子信箱：952964236@qq.com

基于贝叶斯推断的公共交通建设
对城市交通拥堵影响研究

张昕源　李兴华　王　洧

【摘要】公共交通被普遍认为是解决城市交通拥堵的重要手段，但是缺少公共交通对交通拥堵定量化的研究。本文通过分析高德中国城市交通分析报告与各地市统计年鉴，使用分层贝叶斯模型从宏观层面量化公共交通建设对城市交通拥堵的影响。研究表明，每新增 10000 辆公交车，或新修建 100 公里地铁，将会吸引 4.25%或 3.26%本打算使用小汽车出行的用户改用公共交通出行，由此可以缓解交通拥堵 1.46%或 1.11%。

【关键词】公共交通；交通拥堵；分层贝叶斯模型

【作者简介】

张昕源，男，在读硕士，同济大学交通运输工程学院。电子信箱：lrsths@tongji.edu.cn

李兴华，男，博士，同济大学交通运输工程学院，教授。电子信箱：xinghuali@tongji.edu.cn

王洧，男，博士，同济大学交通运输工程学院，副教授。电子信箱：wangwei10@tongji.edu.cn

上海地铁网络复杂性特征演变研究

庞　磊　任利剑

【摘要】近年来，我国城市规模不断扩张，城市居民通勤时间日益增加，城市快速轨道交通的高效性、准时性等特点对于解决城市通勤问题起着重要的作用。20 世纪末随着小世界网络与无标度网络的兴起，越来越多的学者开始借助复杂网络来研究城市轨道交通问题。本文将以上海地铁网络为例，采用复杂网络的研究方法，对其网络拓扑结构的演变特征进行分析，主要从网络各发展时期的复杂性特征、站点度分布、Hub 站点空间分布等方面展开研究。在对多个发展阶段复杂性特征对比量化的基础上，总结上海城市地铁网络的发展规律和存在的现状问题，并据此提出相关的优化建议，以期为未来地铁网络建设提供相应的参考。

【关键词】复杂网络；地铁网络；拓扑结构；空间布局

【作者简介】

庞磊，男，在读硕士，天津大学建筑学院。电子信箱：375441848@qq.com

任利剑，男，博士，天津大学建筑学院，副研究员。电子信箱：375441848@qq.com

基于出租车 GPS 数据的大型
居民区活动特性研究

——以深圳市为例

刘依敏

【摘要】随着社会经济水平的发展，城市内部空间结构产生了很大的转变，居民区作为城市内部空间基础单元也变得越来越重要。同时 GPS 数据因其自身的优点，在交通领域和地理学领域有着越来越广泛的应用。许多城市的出租车都装有车载 GPS 设备，日益积累着大量的轨迹数据。因此这些数据包含着居民出行相关的丰富信息，能够用于居民区的活动特性研究。本文旨在利用出租车 GPS 轨迹数据进行大型居民区的居民活动特性研究。本文采用深圳市装有 GPS 设备的出租车所收集的轨迹点数据，通过统计日出行总量、单程出行平均时耗等数据、绘制时空活动密度趋势面图等方法，研究市区居民区、市区混合居民区、郊区居民区的活动特性。

【关键词】出租车；GPS；居民活动；居民区分异

【作者简介】

刘依敏，女，本科，温州市城市规划设计研究院，助理工程师。电子信箱：836762840@qq.com

基于上海公交 IC 卡的公交客流走廊 OD 获取方法

阎逸飞　于　琛　李　彬　刘雪芬

【摘要】为了给上海市公交客流走廊的公交专用道配套公交线路调整方案提供充分的公交客流数据支撑，从而提升公交客流走廊的公交服务品质，需要基于上海第三代公交 IC 卡数据等公交大数据获取公交客流走廊的站点 OD。通过运用传统二代公交 IC 卡数据获取公交站点 OD 的方法，包括上车点用公交 GPS 等数据获取的站点停留时间序列与 IC 卡用时间聚类获得的站点刷卡时间序列进行时间相似性匹配以及基于出行链不同公交出行类型的下车点推算方法，融合三代数据的部分流程简化，最终获得的站点 OD 根据公交客流走廊 OD 点是否在走廊上进行分类，得到相应的走廊站点 OD。以共和新路客流走廊为例进行了客流分析，结果能够为共和新路实施"一路一骨干"的高品质公交鱼骨状线网提供参考借鉴。

【关键词】上海公交 IC 卡；公交客流走廊；站点 OD 获取；共和新路

【作者简介】

阎逸飞，男，硕士，上海汇衡交通规划设计咨询有限公司，工程师。电子信箱：fin20121221ish@163.com

于琛，男，本科，上海市交通港航发展研究中心，交通规划模型室主任，工程师。电子信箱：24465788@qq.com

李彬，男，博士，上海市交通港航发展研究中心，副主任，高级工程师。电子信箱：libintj@163.com

刘雪芬，女，博士，上海汇衡交通规划设计咨询有限公司，工程师。电子信箱：1024949093@qq.com

面向城市交通规划的大数据
平台构建方法研究

吴克寒　王　芮　高　唱　唐夕茹

【摘要】当城市发展从钢筋水泥走入数字时代，当交通规划从依文据图走入信息互动，站在城市发展的时代路口，智慧交通规划将为城市交通带来全新的认知视野和规划手段。本文探索了面向交通规划行业的大数据平台构建思路和设计方法，分析了交通大数据分析目前面临的问题，并针对问题提升交通大数据平台应具备的"数据汇聚、感知强化、决策辅助"三个主要功能。本文将研究内容应用于实践，开发了"中规智绘"交通大数据平台，提供了"数聚"服务以及道路运行分析、公交运营分析、个体出行分析三个感知强化系统，并创新性地构建了云计算交通模型和在线交通承载力评价系统。本文的研究成果探索了智慧交通规划的发展方向，为交通大数据的发展积累了一定经验。

【关键词】智慧交通；大数据；交通规划；平台；交通模型

【作者简介】

吴克寒，男，博士，中国城市规划设计研究院，工程师。电子信箱：khanwoocn@outlook.com

王芮，男，硕士，中国城市规划设计研究院，助理工程师。电子信箱：wangrui418@163.com

高唱，女，硕士，中国城市规划设计研究院，助理工程师。电子信箱：1253098541@qq.com

唐夕茹，女，博士，北京城市系统工程研究中心，高级工程师。电子信箱：lilihuo@yeah.net

后　记

　　"2019 年中国城市交通规划年会"于 2019 年 10 月 16～17 日在成都市召开，会议围绕"品质交通与协同共治"主题组织了论文征集活动。共收到投稿论文 656 篇，在科技期刊学术不端文献检测系统筛查的基础上，经论文审查委员会匿名审阅，337 篇论文被录用，其中 28 篇被评为优秀论文。

　　为真实反映作者的学术思想和观点，本书编辑中对论文内容未作改动，对格式做了统一编排。编辑过程中可能存在不足之处，恳请作者、广大读者批评指正。

　　在本书付梓之际，城市交通规划学委会真诚感谢所有投稿作者的倾心研究和踊跃投稿，感谢各位审稿专家认真公正、严格负责的评选！感谢中国城市规划设计研究院城市交通研究分院的乔伟、张斯阳、耿雪、王海英等，在论文征集、本书编辑和排版中付出的辛勤劳动！

　　论文全文电子版可通过扫描封底二维码下载，或在城市交通规划学委会官网（transport.planning.org.cn）、城市交通网站（http://www.chinautc.com）下载。

　　　　　　　　　　　　　中国城市规划学会城市交通规划学术委员会
　　　　　　　　　　　　　2019 年 7 月 18 日

426